Shahide Dehghan
Hoosein Norouzi
Hossein Gholami

Tecnologias inovadoras na conceção de estruturas de madeira

Shahide Dehghan
Hoosein Norouzi
Hossein Gholami

Tecnologias inovadoras na conceção de estruturas de madeira

ScienciaScripts

Imprint
Any brand names and product names mentioned in this book are subject to trademark, brand or patent protection and are trademarks or registered trademarks of their respective holders. The use of brand names, product names, common names, trade names, product descriptions etc. even without a particular marking in this work is in no way to be construed to mean that such names may be regarded as unrestricted in respect of trademark and brand protection legislation and could thus be used by anyone.

Cover image: www.ingimage.com

This book is a translation from the original published under ISBN 978-620-7-99736-7.

Publisher:
Sciencia Scripts
is a trademark of
Dodo Books Indian Ocean Ltd. and OmniScriptum S.R.L publishing group

120 High Road, East Finchley, London, N2 9ED, United Kingdom
Str. Armeneasca 28/1, office 1, Chisinau MD-2012, Republic of Moldova, Europe
Printed at: see last page
ISBN: 978-620-7-98687-3

TECNOLOGIAS INOVADORAS NA CONCEPÇÃO DE ESTRUTURAS DE MADEIRA

SHAHIDE DEHGHAN[1] , HOOSEIN NOROUZI[2] , HOSSEIN GHOLAMI [31]
DEPARTMENT OF GEOGRAPHY, NAJAFABAD BRANCH, ISLAMIC AZAD UNIVERSITY, NAJAFABAD, IRAN
[2] DEPARTAMENTO DE ENGENHARIA CIVIL, SECÇÃO DE ISFAHAN (KHORASGAN), UNIVERSIDADE ISLÂMICA AZAD, ISFAHAN, IRÃO

[3]DEPARTAMENTO DE ENGENHARIA CIVIL, SECÇÃO DE ISFAHAN (KHORASGAN), UNIVERSIDADE ISLÂMICA AZAD, ISFAHAN, IRÃO
2025

ÍNDICE DE CONTEÚDOS

PREFÁCIO.. 3

INTRODUÇÃO.. 4

CORPO DO TEXTO 5

REFERÊNCIAS 41

PREFÁCIO

A utilização da madeira como um dos principais materiais na construção de várias estruturas é comum em todas as partes do mundo desde há muito tempo. A madeira, com inúmeras vantagens, incluindo flexibilidade e leveza, sempre atraiu a atenção das pessoas. Atualmente, as estruturas de madeira são conhecidas como um dos tipos de estruturas mais populares em todo o mundo. De seguida, falaremos mais sobre as vantagens e desvantagens das estruturas de madeira. Apesar dos muitos desenvolvimentos no sector da construção e do aparecimento de novos materiais, a madeira continua a ser um dos materiais mais populares e amplamente utilizados na construção de estruturas. Uma estrutura de madeira significa que a madeira é utilizada como principal material de construção. Desde os tempos antigos, a madeira tem sido utilizada para construir todo o tipo de estruturas devido às suas inúmeras vantagens, incluindo força, resistência, flexibilidade e beleza. Atualmente, as estruturas de madeira estão entre as estruturas mais populares e mais utilizadas no mundo. Mais de 2 mil milhões de casas em todo o mundo foram construídas com este tipo de estrutura, incluindo edifícios residenciais e até edifícios de 10 andares. Em países avançados, como o Japão, a América e o Canadá, existem regulamentos especiais para a conceção e construção de estruturas de madeira, que foram compilados com o objetivo de aumentar a segurança e a qualidade deste tipo de estruturas. As estruturas de madeira, como um dos elementos mais importantes na arquitetura e na construção de edifícios, incluem vários tipos, cada um com as suas próprias funções e utilizações. Uma das estruturas mais utilizadas no domínio das estruturas pré-fabricadas de madeira são as casas de campo e as moradias de madeira, que hoje em dia são utilizadas como residências tradicionais em todo o país e têm sido muito apreciadas. Apesar dos grandes progressos registados na construção de edifícios com novos materiais, a madeira é um dos materiais que continua a ser utilizado na construção de edifícios. Um dos materiais mais básicos para a construção de casas é a madeira desde a antiguidade, porque não só tem uma elevada durabilidade e é também um bom isolante térmico, mas com uma textura bonita, dá o espírito de vida à casa. Por esta razão, os arquitectos utilizam hoje em dia estes materiais para o revestimento final de muitas casas.

INTRODUÇÃO

Desde há muito tempo que a humanidade utiliza a madeira como um dos principais materiais na construção de várias estruturas. A utilização deste material tem muitas vantagens que fizeram com que tivesse várias utilizações ao longo da história. Atualmente, as estruturas de madeira tornaram-se um dos tipos de estruturas mais populares no mundo, tendo sido construídas mais de 2 mil milhões de casas em todo o mundo com este tipo de estruturas. Contrariamente à crença popular, as estruturas de madeira também são utilizadas em edifícios altos, até 10 pisos. Em países avançados como o Japão, a América e o Canadá, foram desenvolvidos regulamentos especiais para a conceção e construção deste tipo de estruturas. Uma estrutura de madeira é um tipo de estrutura em que a madeira é utilizada como principal material de construção. A madeira tem sido utilizada para construir todo o tipo de estruturas desde há muito tempo devido às suas muitas vantagens, como a força, a resistência, a flexibilidade e a beleza. A madeira tem sido um dos materiais mais populares no sector da construção desde os tempos antigos. Esta popularidade tem várias razões, incluindo a diversidade, a beleza, a resistência e a capacidade de reciclar a madeira. Cada um destes desenhos e cores tem a sua própria utilização. Entre as estruturas de madeira mais importantes que são construídas atualmente, devemos mencionar as moradias, casas, chalés, gazebos, paredes térmicas, jardins de telhado, pérgulas e casas móveis. Além disso, a conceção e a construção de edifícios pré-fabricados e semi-pré-fabricados estão entre as utilizações mais atractivas e populares das estruturas de madeira. A madeira é utilizada não só na construção de caixilhos e paredes de madeira, mas também na construção de portas e janelas, na decoração de interiores e até nas fachadas dos edifícios. Atualmente, as moradias de madeira são conhecidas como uma das estruturas de madeira mais populares e procuradas. A utilização da madeira no sector da construção pode ser geralmente dividida em três categorias: decoração de interiores, materiais de construção e estruturas de suporte de carga. Na decoração de interiores, a madeira é utilizada para fabricar armários, pavimentos, revestimentos de parede e outros elementos decorativos.

CORPO DO TEXTO

A madeira é utilizada como material de construção em paredes, tectos e outras partes interiores e exteriores de um edifício. Além disso, a madeira pode ser utilizada para fazer peças de suporte de carga e peças principais de construção, tais como vigas, colunas e estruturas. Neste tipo de utilização, é possível tirar partido da diferença de nível na arquitetura. Naturalmente, este método de conceção depende das condições do público, da situação geográfica e cultural da região. Na conceção de estruturas de um piso, devem ser fornecidas todas as instalações necessárias para viver no mesmo piso. Se for possível implementar dois pisos para esta estrutura, alguns espaços privados, como quartos, casas de banho e sanitários familiares, podem ser transferidos para o segundo piso. É de notar que o uso residencial tem menos tráfego do que outros usos, o que é outra vantagem para a construção de dois pisos. Devido à natureza residencial desta estrutura, os cálculos estruturais podem ser considerados mais leves. Além disso, a espessura do pavimento pode ser mais fina do que nas estruturas de escritórios e comerciais, porque a quantidade de tráfego neste tipo de estrutura é significativamente menor. Por exemplo, um edifício residencial com 6 a 7 residentes terá muito menos tráfego do que uma estrutura de escritórios com um elevado número de empregados. Esta diferença de tráfego irá afetar factores como a carga viva da estrutura, a espessura do pavimento, a largura da escada, as dimensões do elevador e o sistema de ar condicionado. Por conseguinte, é essencial e vital ter em conta a utilização da estrutura (residencial, escritório, comercial, etc.) ao efetuar os cálculos e ao projectá-la. Na conceção de espaços de escritórios com estruturas de madeira, deve prestar-se atenção a um local para o descanso do pessoal, à facilidade de circulação dos clientes e a um espaço adequado para a sua espera. A fim de melhorar a segurança e a facilidade de acesso de todas as pessoas, especialmente dos idosos e dos deficientes em cadeiras de rodas, não é recomendável utilizar a diferença de nível nas estruturas de escritórios. Os edifícios de escritórios devem ser construídos com tectos altos, ventilação adequada e espaço suficiente. Estes factores permitem a respiração e a presença de uma grande multidão sem criar uma sensação de asfixia para os empregados e clientes. Na construção de estruturas de madeira, devido ao tipo de materiais e ao método de construção, a altura do teto é de grande importância. Além disso, os edifícios de escritórios têm normalmente mais divisões do que os edifícios residenciais e comerciais. A conceção do espaço deve ser feita de forma a permitir a divisão e a criação de espaços separados, se necessário, pelos utilizadores. Tendo em conta a utilização da estrutura, esta capacidade pode ser incluída no processo de conceção. As utilizações comerciais têm necessidades únicas. A primeira e mais importante dessas necessidades é a maior altura do telhado em comparação com outras estruturas. A razão para isto são os cálculos relacionados com as instalações e o ar condicionado em espaços comerciais. Nestes cálculos, é considerado um coeficiente de 5 para o BTU necessário, o que é significativamente mais elevado do que o coeficiente residencial (normalmente 3). Por exemplo, para uma unidade residencial de 85 metros, normalmente são considerados 36 mil BTU ou 3 toneladas de refrigeração, mas para um espaço com a mesma dimensão numa unidade comercial são necessários 60 mil BTU ou 5 toneladas de refrigeração. Essa é a primeira diferença fundamental entre os sistemas de ar condicionado comercial e residencial. Esta diferença exige que o projetista estrutural ou arquiteto considere um espaço adequado para um equipamento de refrigeração mais forte. As estruturas de madeira e outras estruturas comerciais, independentemente do tipo de materiais, devem ter uma superfície lisa. Pelo menos um dos lados destas estruturas (de acordo com a localização geográfica e a via de tráfego) deve ser totalmente em vidro para permitir a exposição de vitrinas e atrair clientes. Devido ao facto de o espaço comercial ter muito mais tráfego do que outros espaços, a escolha do pavimento adequado é de grande importância. As estruturas de madeira recreativas são um tipo de estruturas de madeira concebidas e construídas para passar os tempos livres e divertir-se na natureza ou em espaços abertos. Estas estruturas são muito diversificadas e são feitas em diferentes formas e tamanhos, desde pequenas cabanas na floresta até pavilhões grandes e complexos. Antes de construir uma estrutura recreativa de madeira, é necessário determinar o seu tipo de utilização. Por exemplo, se tenciona utilizar a estrutura para residência temporária, deve ter em atenção o seu isolamento, aquecimento e arrefecimento. As estruturas de madeira didácticas são um tipo de estruturas de madeira concebidas e construídas para ensinar conceitos científicos, de engenharia e de carpintaria a crianças e adultos. Estas estruturas são réplicas, modelos 3D ou mesmo estruturas reais em pequenas dimensões. Devido à sua estrutura porosa, a madeira é considerada um bom isolante térmico. Estes espaços vazios, que contêm ar, actuam como uma camada protetora e impedem a transferência de calor. Por este motivo, a madeira resiste à perda de calor no inverno e ao calor indesejado no verão. Esta resistência depende do tipo de madeira, da forma de aplicação da carga e da sua humidade. Em geral, a madeira é mais resistente à compressão do que à tração. Por exemplo, se lhe for aplicada uma pressão na direção das texturas da madeira (paralela às fibras), ela pode suportar até 4 vezes mais do que a pressão aplicada na direção perpendicular às texturas (perpendicular às fibras). A madeira tem elevada flexibilidade e pode ser suavemente dobrada. Esta caraterística não está presente em materiais como o cimento e o tijolo, razão pela qual é possível construir casas pré-fabricadas com madeira. A flexibilidade da madeira também ajuda a deslocar as casas de madeira. Claro que esta deslocação deve ser feita com segurança e cuidado para não danificar a estrutura. Em termos de rapidez de construção, as casas de madeira não têm rival. Muitas empresas de renome no sector da construção a nível mundial conseguem construir uma casa ou vivenda de madeira em menos de 100 dias. Além disso, a elevada flexibilidade da madeira, que mencionámos acima, permite encomendar casas de madeira pré-fabricadas. Neste método, as partes da casa são feitas na fábrica e transportadas para o local desejado. Depois, estas partes são montadas de forma rápida e fácil, e a casa fica pronta a habitar no mais curto espaço de tempo possível. Outra vantagem das estruturas de madeira são os seus efeitos ambientais positivos. Como já dissemos, se as florestas forem corretamente geridas, a utilização da madeira também ajuda a aumentar o número de árvores no planeta. Em muitos países, são plantadas mais de duas árvores por cada árvore cortada, o que leva a um aumento da área de florestas ao longo do tempo. Outra vantagem ambiental importante da utilização de estruturas de madeira é a redução do consumo de cimento. Diz-se que cerca de 7% dos gases com efeito de estufa da Terra estão relacionados com a produção e utilização de cimento. Ao substituir o cimento por madeira na construção, as emissões de gases com efeito de estufa podem ser consideravelmente reduzidas. Para além disso, a madeira tem a capacidade de absorver e armazenar dióxido de carbono. O custo de construção de uma casa ou moradia de madeira é geralmente inferior ao das estruturas de betão e aço. A razão para tal é o preço mais baixo da madeira em comparação com materiais como o betão e o aço. Para além disso, a elevada velocidade de construção das casas de madeira também reduz significativamente os custos de mão de obra. Com este método, o tempo de construção é reduzido e são necessários menos trabalhadores para a construir. Por este motivo, em muitos casos, construir uma casa de madeira é mais económico do que construir uma casa de metal ou de betão. Sendo um excelente isolante sonoro e térmico, a madeira traz muitas vantagens para os moradores de casas de madeira. A utilização correcta deste isolamento reduz significativamente o consumo de energia para arrefecer a casa no verão e aquecê-la no inverno. Isto não só beneficiará a economia das famílias, como também desempenhará um papel eficaz na redução das emissões de gases com efeito de estufa e na preservação do ambiente. Depois de examinar algumas das vantagens das estruturas de madeira, é altura de examinar as suas desvantagens. É claro que se deve notar que as vantagens e desvantagens das estruturas de madeira estão relacionadas. Por outras palavras, a falta de cuidado em alguns casos transforma as vantagens em desvantagens. Outra ameaça para as estruturas de madeira são os insectos e os fungos. Para resolver este problema, os engenheiros e arquitectos têm utilizado soluções científicas e eficazes com a ajuda de cientistas. Uma delas é a utilização de materiais especiais para o revestimento da madeira. Estes materiais tornam a madeira resistente a insectos e fungos e evitam a sua erosão e destruição. Outra solução é a utilização de novas tecnologias para converter o alimento dentro da madeira em não-alimento. Com este método, outros insectos e fungos não encontrarão na madeira uma fonte de alimento para o seu crescimento e reprodução.A madeira tem naturalmente uma baixa resistência ao fogo e queima rapidamente quando exposta ao calor e às chamas. Por este motivo, é necessário recorrer a métodos para aumentar a sua resistência ao fogo, a fim de utilizar a madeira no sector da construção. Uma das formas tradicionais de aumentar a resistência da madeira ao fogo é cobri-la com uma camada de gesso. Este trabalho ajuda a aumentar a resistência da madeira ao fogo até certo ponto, mas também tem desvantagens. Por exemplo, o gesso aumenta o peso da estrutura e altera o seu aspeto. A presença de humidade na estrutura é um dos principais factores que reduzem a vida útil das estruturas de madeira. Com o tempo, a humidade penetra na madeira, apodrece-a e destrói-a. São utilizadas várias tecnologias para aumentar a resistência da madeira à humidade. Uma delas é a utilização de materiais hidrofóbicos. Estes materiais penetram na superfície da madeira e impedem-na de absorver a humidade. Alguns países estabeleceram leis e regulamentos para preservar as florestas, mas em muitos outros países essas leis não existem ou não são totalmente aplicadas. A crescente aceitação de casas e moradias de madeira leva ao agravamento deste problema em alguns países. Por este motivo, é necessário prestar especial atenção à preservação e recuperação das florestas, juntamente com o desenvolvimento da indústria da construção em madeira. Uma das coisas mais importantes a que se deve prestar atenção na construção de uma casa e de uma vivenda de madeira é a precisão da vedação e a colocação correcta das peças umas ao lado das outras. Anos de experiência humana e de investigação demonstraram que a melhor madeira para a construção de estruturas de madeira provém de árvores que se encontram na zona da cintura dos Circuitos 66 e 33. Estas árvores crescem para norte. A razão da qualidade destas madeiras é o clima especial destas regiões. O crescimento das árvores nas regiões frias é mais lento do que noutras regiões, o que, por sua vez, faz com que a sua madeira seja mais dura, mais dura e com maior densidade. A variedade de madeiras adequadas para a construção de estruturas de madeira é muito grande e é possível encontrar uma grande variedade delas em todas as regiões do mundo. Por exemplo, o carvalho, o buxo, a nogueira, a faia e a família dos pinheiros contam-se entre as madeiras resistentes e de alta qualidade que têm uma história de utilização antiga e tradicional no Irão, especialmente nas regiões do norte. As estruturas de madeira têm muitas vantagens, incluindo a elevada resistência, a beleza, a estabilidade e a rapidez de construção. têm alta Com o avanço da tecnologia e da ciência da engenharia, tornou-se possível construir estruturas de madeira com grandes aberturas e alturas elevadas. Devido às vantagens mencionadas, a utilização de estruturas de madeira está a aumentar e são consideradas como uma alternativa adequada às estruturas tradicionais. A escolha do tipo certo de estrutura de madeira depende de vários factores, como o tipo de utilização, as condições climáticas, o orçamento e o seu gosto. Consulte sempre um engenheiro ou arquiteto experiente antes de iniciar a construção para escolher a melhor opção de acordo com as suas condições. A utilização de estruturas de madeira é comum e natural em todos os países do mundo desde os tempos antigos. Atualmente, as estruturas de madeira são uma das estruturas mais populares do mundo, tendo sido construídas mais de 2 mil milhões de casas com estas estruturas. Contrariamente à crença popular, este tipo de estruturas é utilizado mesmo para a construção de estruturas até 10 pisos. Em países avançados como o Japão, a América e o Canadá, estas estruturas têm a sua própria regulamentação. Estes edifícios são muito resistentes devido ao seu baixo peso e à forma de ligar os componentes uns aos outros, que funciona como uma caixa cosida. Além disso, o elevado coeficiente de amortecimento da madeira na redução de energia e na redução do peso do edifício em cerca de 7 a 10 vezes optimizou este tipo de edifícios contra catástrofes naturais. As paredes foram construídas e podem ser implementadas com recurso a contraventamentos e estruturas de flexão. Por esta razão, é um bom sistema para zonas sujeitas a terramotos. Nas cabanas de madeira para jardins e moradias, que são normalmente construídas com telhados inclinados, é necessário criar costuras entre as asnas do telhado e as paredes. O ponto importante na execução dos telhados das cabanas é o seguinte É preciso ligá-los de forma a que se encaixem perfeitamente com as paredes e estas com a fundação, para que não haja problemas na transferência de forças. Outro ponto importante que deve ser tido em conta para a construção deste tipo de edifícios é que os componentes sejam colocados uns ao lado dos outros de forma a que a vedação do ar entre eles seja feita facilmente. Em geral, se um dos três factores - oxigénio, fogo e humidade - puder ser mantido afastado da madeira, podemos esperar uma vida relativamente longa destas cabanas. Por exemplo, na Suécia existem estruturas de madeira com 980 anos ou, na Grécia, há restos de um navio de madeira com 2000 anos. As fundações destas cabanas devem ser protegidas da humidade e da penetração de água, especialmente em jardins e moradias. Os insectos devem ser impedidos de penetrar nas mesmas. Antigamente, as paredes eram ligadas diretamente ao solo através de espirais de madeira, mas atualmente recomenda-se que esta ligação não seja direta e que fique a uma distância mínima de 30 cm do chão do jardim ou da vivenda. Nestas construções, as paredes exteriores e, nalguns casos, juntamente com as paredes interiores, funcionam como suporte de carga e podem ser construídas através da colocação de postes de madeira (mestres ou varejeiras). No revestimento interior são normalmente utilizadas placas de gesso devido à sua boa resistência ao fogo. E na fachada, são utilizados materiais como tijolos e pedras ou materiais adequados à zona de construção. Os separadores internos também são normalmente utilizados em forma pré-fabricada e, em ambos os tipos de construção pré-fabricada e no local, as instalações passam através dele e são normalmente cobertas com lã de rocha e depois com painéis de gesso. Nos edifícios de madeira (cabanas de madeira), as instalações atravessam completamente as paredes e os tectos e, naturalmente, não há necessidade de tectos falsos nestes edifícios. A utilização de fios de terra é obrigatória neste tipo de edifícios e, por conseguinte, deve existir um poço de terra para os mesmos. Além disso, os cabos eléctricos do edifício devem ser protegidos dentro de blindagens metálicas ou de invólucros de materiais especiais que possam ser perfurados por pregos ou outros objectos cortantes. Como já foi referido, as estruturas de madeira são resistentes ao fogo. São um pouco caras, por isso cobrimos o seu topo com painéis de gesso. Porque o gesso contém cerca de 20% de água com cristalização. Também se pode utilizar um isolamento de cobertura para proteger a madeira. Talvez seja interessante saber que as vigas de madeira grossas são mais resistentes ao fogo do que as vigas de aço. E a razão para isso é a formação de uma camada em forma de carvão vegetal na superfície da madeira, que diminui a velocidade de penetração do fogo através do isolamento. Uma das coisas que pode fazer para ajardinar e embelezar o seu jardim e a sua casa de campo. A utilização de uma cabana de madeira é para o jardim. Uma das vantagens das cabanas de madeira no seu jardim é o facto de estarem cobertas e isoladas durante a estação fria, a neve e a chuva. Desde há muito tempo que a humanidade utiliza a madeira para construir várias estruturas. A utilização deste material tem muitas vantagens que fizeram com que tivesse diferentes aplicações em diferentes alturas. As estruturas de madeira são diferentes de outros tipos de estruturas, o que as torna mais atractivas e tem muitos adeptos com as suas características únicas. Apesar dos grandes progressos registados nos materiais de construção modernos, a madeira é um dos materiais que ainda é considerado popular na construção de edifícios. A madeira pode ser considerada como um dos principais materiais para a construção de casas. Os componentes de uma estrutura de madeira são muito semelhantes aos de outras estruturas, cujos componentes se dividem em duas categorias: componentes de compressão e componentes de flexão. As estruturas de madeira são muito utilizadas nas cidades do norte do Irão. A razão desta popularidade não é outra senão a existência de florestas e recursos de madeira. Um dos aspectos importantes destas estruturas é que, se as partes constituintes estiverem integradas, é criada uma estrutura forte. A estrutura de madeira é uma das estruturas mais antigas da história da humanidade e tem sido utilizada pelas pessoas na maioria dos países desde o passado distante. Por exemplo, as casas de madeira são uma das formas de habitação mais antigas e mais utilizadas. O que é notável é o facto de esta estrutura ter progredido significativamente no domínio da ciência e da tecnologia, juntamente com os seres humanos. Desde que o homem sentiu a necessidade de construir um abrigo seguro, a madeira tornou-se um dos materiais mais importantes e mais utilizados na construção de casas e de outros dispositivos. De facto, pode dizer-se que a primeira experiência de construção de uma estrutura de madeira remonta à época em que as pessoas decidiram não viver nas montanhas e, com o tempo, mudaram as suas casas para terras mais planas. Depois, de acordo com a localização geográfica e as condições climatéricas de cada região, foram construídas estruturas de madeira com diferentes formas e tipos. Em muitas partes do mundo, incluindo o Sistão e o Baluchistão, ainda existem tribos que vivem em casas circulares de madeira chamadas alcaparras. As estruturas de madeira descobertas de diferentes períodos históricos e as pinturas nas grutas são a prova de que este material esteve presente na sua vida desde o tempo do contacto do homem com a natureza. Porque os esqueletos de madeira, como todos os tipos de esqueletos, precisam, antes de mais, de uma cama. O passo seguinte é a instalação de colunas resistentes. Ao instalar as colunas, as vigas principais e secundárias podem ser ligadas a elas. Quando a construção do esqueleto estiver concluída, a estrutura precisa de revestimentos internos e externos. No Irão, a maior parte dos edifícios de madeira são construídos com telhados inclinados e os telhados devem ser resistentes ao vento e à neve. Como se sabe, a madeira sempre foi um dos materiais mais populares no sector da construção. A madeira é um material muito versátil. Este material popular tem cores, texturas e desenhos diferentes. Cada um destes desenhos e cores é utilizado para fins específicos. As estruturas de madeira mais importantes que são construídas atualmente com madeira são moradias, casas, chalés, gazebos, paredes térmicas, jardins de telhado, pérgolas e casas móveis. Além disso, a conceção e a construção de edifícios pré-fabricados e semi-pré-fabricados podem ser consideradas uma das utilizações mais populares e interessantes das estruturas de madeira. É interessante saber que o material de madeira é utilizado na construção de esqueletos de madeira, paredes e até mesmo na construção de portas e janelas ou na conceção de interiores e fachadas de edifícios. Atualmente, uma das estruturas de madeira mais comuns e populares são as moradias de madeira. De um modo geral, a utilização da madeira no sector da construção é a sua utilização na decoração de interiores, como armários e pavimentos, em materiais interiores ou exteriores, como revestimentos de paredes, na construção de equipamentos e também na construção de peças de suporte de carga e no edifício principal. As estruturas de madeira têm vantagens e desvantagens, tal como outras estruturas. Em geral, a utilização de material de madeira na construção tem várias desvantagens que não podem ser ignoradas. A resistência muito baixa deste material ao fogo é uma das suas piores desvantagens. Além disso, a sua falta de resistência aos insectos pode fazer com que menos fabricantes utilizem a madeira. Entre as outras desvantagens de trabalhar com madeira, podemos mencionar a falta de trabalhadores qualificados e a sensibilidade da madeira à humidade elevada. A grande rapidez de construção e de execução dos edifícios de madeira é um dos pontos positivos da utilização deste material. Além disso, a redução do peso da estrutura e a compatibilidade deste material com a natureza e todos os tipos de clima tornaram este material popular. Para além disso, a relação custo-eficácia, a elevada durabilidade e a ajuda à redução do consumo de energia são outras das vantagens da utilização deste material. Já se perguntou por que razão os países desenvolvidos continuam a privilegiar as estruturas de madeira, apesar das novas tecnologias e das catástrofes naturais? Um grande número de casas na Europa e especialmente na América são construídas com madeira, sendo a principal razão para isso o facto de ser barata e durável. Países como a Austrália, o Canadá e, sobretudo, os Estados Unidos podem ser considerados como os principais fabricantes de estruturas de madeira no mundo. Outras razões, como a elevada velocidade de construção, a presença de vastas florestas, a compatibilidade com o ambiente e a possibilidade de reciclar este material, tornaram as estruturas de madeira obrigatórias no mundo. A utilização de estruturas de madeira é muito comum em países como o Japão, a América e o Canadá. Uma das razões para a necessidade deste tipo de estruturas é, de facto, a sua elevada resistência aos terramotos. Este tipo de estruturas tem os seus próprios adeptos na Europa. De facto, uma das razões para a popularidade da utilização de estruturas de madeira nas regiões europeias é que os arquitectos podem facilmente usar a criatividade e a inovação na conceção deste tipo de edifício. Além disso, as estruturas de madeira na China representam a tradição arquitetónica e a cultura deste povo. Atualmente, as estruturas de madeira registaram progressos significativos em países industrializados como o Canadá, os Estados Unidos da América, a Rússia, a Austrália, os países do Norte da Europa e a região escandinava. De facto, pode dizer-se, grosso modo, que atualmente mais de 97% dos edifícios residenciais nestes países são feitos de estruturas de madeira. Atualmente, a construção de estruturas de madeira é considerada uma profissão especial e uma especialidade no sector da construção. Tendo em conta as vantagens mencionadas para as estruturas de madeira, a construção destas casas é considerada rentável. Em muitos países avançados do mundo, como os Estados Unidos, Espanha e Canadá, apesar da existência de materiais modernos, as estruturas de madeira são muito populares. Por conseguinte, a utilização de estruturas de madeira no sector da construção reveste-se de particular importância. Talvez quando ouve o nome de uma casa de madeira ou de uma estrutura de madeira moderna, imagine que este tipo de casas não pode ser muito confortável! Mas pode dizer-se sem sombra de dúvida que a sensação que as casas de madeira dão aos seus proprietários em termos de beleza e conforto não pode ser encontrada em nenhuma casa de tijolo. As casas de madeira são adequadas para aqueles que estão cansados de viver num apartamento, na cidade, no fumo e no barulho e preferem passar a sua vida numa casa de madeira numa zona agradável, longe da poluição da vida citadina. Numa época em que a maioria das casas é feita de tijolos, cimento e gesso, as casas de madeira e todos os tipos de estruturas de madeira podem atrair muitas pessoas. Estas são as razões que fazem com que muitas pessoas se interessem pela conceção de estruturas de madeira. Todos sabemos que projetar e construir uma casa é um dos trabalhos mais lucrativos e interessantes do mundo. Por vezes, os arquitectos e os designers utilizam materiais naturais e, por vezes, materiais artificiais feitos por mãos humanas. Agora queremos saber quais são os materiais mais populares para a construção? Não podemos ignorar a utilização da madeira nos países americanos e europeus. Por esta razão, deve dizer-se que a madeira é um dos materiais mais populares para a construção de uma casa. A moderna estrutura de madeira injecta paz, originalidade e gosto pela vida na alma do seu proprietário. Na construção de estruturas de madeira modernas, a madeira é o componente mais importante e principal do edifício. Os ambientalistas e os adeptos interessam-se por todos os tipos de estruturas de madeira e pelo design de estruturas de madeira. Porque este tipo de casas é muito compatível com a natureza devido à falta de utilização de produtos químicos e mantém o ambiente circundante saudável. Por esta razão, pode dizer-se que a madeira manteve a sua popularidade desde o passado distante até aos dias de hoje, quando a ciência e a tecnologia fizeram grandes progressos. Atualmente, o acesso à madeira tornou-se muito fácil e não tem os seus próprios problemas como no passado. Além disso, estes desenvolvimentos tornaram o design da estrutura de madeira muito mais bonito e apelativo do que no passado. Se também se interessa pelo ambiente e pela natureza, é impossível não viver numa estrutura de madeira moderna nos seus sonhos! A arquitetura moderna da estrutura de madeira e o design da estrutura de madeira é um dos mais belos ramos da arquitetura e do design. Como sabe, neste tipo de estilo arquitetónico, a madeira é muito importante. Ao longo da história, arquitectos talentosos têm estado ocupados a construir estruturas de madeira espantosas. Atualmente, estas estruturas ganharam fama mundial devido ao seu design único. Por isso, atraem muitos turistas todos os anos. Além disso, são muito económicas. Qualquer pessoa que veja o Metropol Parasol notará claramente a sua estrutura estranha e atraente. O Metropol Parasol está situado em Sevilha, Espanha. É interessante saber que esta cidade tem o maior número de atracções e monumentos históricos de Espanha. O Metropol Parasol, que é uma estrutura de madeira moderna, detém o título de maior e mais vasta estrutura de madeira do mundo. Esta estrutura de madeira é construída com grandeza, sendo ao mesmo tempo muito delicada. Metropole é feita de 6 estruturas de madeira em forma de cogumelo com uma altura de 28,5 e tem quatro andares. Pode não acreditar, mas a razão mais importante para a construção do Metropol é a presença de restaurantes e centros comerciais à sua volta. Por outras palavras, o Metropol desempenha o papel de um dossel gigante para as pessoas que visitam esta área. Science Orb

Este belo globo de madeira foi construído em 2002 pela Organização Europeia de Investigação Nuclear em Neuchâtel. No entanto, passados dois anos, este belo globo foi transferido para Genebra e, atualmente, é considerado uma das mais belas atracções de Genebra. A esfera da ciência e da inovação é composta por vários pisos, um dos quais é dedicado à exposição permanente de investigação e informação científica sobre a Terra. Igreja de Kenarvik Esta igreja foi construída numa das aldeias da Noruega em 2014 com madeira de pinho. O telhado desta igreja é triangular e tem janelas altas. Além disso, o altar da Igreja de Kenarvik tem a forma de uma pirâmide. O que torna a igreja de Kenarvik especial é o facto de todos os seus elementos serem feitos de madeira. A igreja de Kenarvik é muito compatível com o clima da aldeia. Esta igreja é considerada uma importante atração turística da aldeia de Kanarvik. A ponte de madeira de Anaklia é outra das mais belas estruturas de madeira do mundo, a ponte de madeira de Anaklia. Esta ponte, localizada na Geórgia, foi construída no rio Ingori em 2012, a uma altura de 504 metros. A ponte de madeira de Anaklia é feita de madeira de carvalho. Embora o policarbonato seja usado para maior resistência. É bom saber que a ponte de madeira de Anaklia é uma das melhores estruturas de madeira do mundo. Além disso, esta ponte de madeira é conhecida como a ponte mais longa da Europa. Para além da beleza e da atração dos turistas, a ponte de madeira de Anaklia desempenha um papel importante no transporte. Se viajar para a Geórgia, não se esqueça de ver esta bela ponte. Desde o período em que o homem foi capaz de alterar a forma da madeira utilizando diferentes ferramentas, introduziu-a na sua vida quotidiana. Nos tempos antigos, as pessoas costumavam cortar árvores para construir casas de madeira. Além disso, estas estruturas de madeira eram consideradas um bom abrigo para eles. A história da utilização da madeira no Irão remonta a 6000 anos atrás. Isto mostra que a madeira é um material de construção importante, pelo menos no Irão. A madeira desempenha um papel especial não só na construção de casas, mas também na construção de várias estruturas de madeira, como pontes, igrejas, restaurantes, etc. É interessante saber que as regras de utilização da madeira são diferentes em cada país. Atualmente, devido ao avanço da ciência, da tecnologia e das ferramentas, construir uma casa com madeira tornou-se muito mais rápido, fácil e especializado do que antes. Assim, é possível construir uma estrutura de madeira moderna em metade do tempo em que era construída anteriormente. O reequipamento de várias estruturas de madeira pode ser visto nas aldeias do norte do nosso país com métodos básicos e tradicionais. Mas com o passar do tempo, o progresso da ciência e da indústria alterou estes reforços. Como se sabe, o Irão é um país propenso a terramotos. Este facto fez com que nos últimos anos tenhamos assistido a muitas perdas de vidas e prejuízos financeiros. É evidente que o custo da reabilitação dos edifícios de tijolo é elevado para as pessoas e as organizações. Por esta razão, a atenção de muitos engenheiros e arquitectos tem sido atraída para vários tipos de estruturas de madeira. Na conceção da estrutura de madeira, a leveza da estrutura reduz a pressão das forças durante um terramoto e, consequentemente, reduz a vulnerabilidade da estrutura. Muitos factores, incluindo a resistência das estruturas de madeira modernas contra os sismos, a pressão, a tensão, a forma de ligação e a flexibilidade, causam a sua longa vida. Atualmente, em regiões como a Rússia e a Europa, a conceção de estruturas de madeira tornou-se muito importante porque estas regiões são frias e têm florestas. As estruturas de madeira são tipos de estruturas utilizadas em edifícios. Uma vez que no nosso país, o Irão, a madeira é um dos principais materiais de construção, várias estruturas de madeira têm sido habituais neste país. A história da utilização da madeira na construção de edifícios no Irão remonta a cerca de 6000 anos atrás. Este tipo de estruturas pode ser utilizado em vários casos devido às suas características especiais. A madeira sempre mereceu a atenção do homem como um dos elementos mais resistentes e atractivos da natureza. Desde que o homem conseguiu fabricar ferramentas e alterar a forma da madeira, começou a utilizá-la na sua vida quotidiana. Além disso, a madeira pode ser utilizada em projectos de alto nível, na construção de pontes, etc. As regras de utilização da madeira em estruturas são diferentes consoante os países. Existem vários sistemas de juntas de madeira, que podem ser seleccionados de acordo com o seu desempenho através de uma análise. Atualmente, com o avanço da tecnologia e das ferramentas, a velocidade de construção de estruturas de madeira aumentou muito. De tal forma que um edifício com uma estrutura de madeira pode ser construído em metade do tempo que costumava ser. A forma mais comum de construir paredes em estruturas de madeira é utilizar colunas de suporte de carga. As colunas são feitas de madeira dura e podem suportar um vão de até 7 metros. O chão, as colunas laterais e outros pormenores contribuem para uma maior resistência das estruturas de madeira do edifício. Na conceção dos componentes de flexão das estruturas de madeira, deve prestar-se atenção a aspectos como a força de flexão sob a influência da carga, as forças de compressão no suporte, a força de corte na superfície do eixo neutro, etc. A madeira utilizada numa estrutura de madeira deve ser dita seca. Isto significa que deve ter passado algum tempo desde que foi cortada. A madeira húmida não tem resistência suficiente e é propensa a deformações. Atualmente, são utilizados fornos especiais para secar a madeira, o que fez com que muitos problemas que existiam nas estruturas de madeira desaparecessem. Mas, mesmo assim, a forma de cortar a madeira é importante. A forma de cortar a madeira pode ser muito eficaz na resistência e na força da estrutura de madeira. A madeira utilizada nas estruturas de madeira deve ter um teor de humidade inferior a 20%. Nas estruturas de madeira, devem ser utilizadas madeiras adequadas que tenham boa resistência e força. A madeira de pinheiro, abeto e calêndula é considerada a melhor madeira para a construção de estruturas de madeira. Estas árvores são descascadas na serração e depois transformadas em madeira serrada através de cortes longitudinais e transversais. A madeira é considerada um isolante adequado devido à sua porosidade. A madeira é um bom isolante térmico, e a sua baixa densidade bruta reduz a capacidade de armazenar calor na madeira. De acordo com estudos, as estruturas de madeira apresentam uma resistência superior aos cálculos iniciais das estruturas. Para além disso, hoje em dia, através do avanço da tecnologia, software de simulação, etc., é possível poupar 20-30% na quantidade de madeira utilizada. A madeira tem uma boa resistência às forças de tração e de compressão. Se a pressão exercida sobre a madeira for na direção dos seus tecidos, ela pode suportar 4 vezes a força de pressão. Mas a madeira não é tão resistente às forças de tração e é um pouco fraca contra as forças que entram na direção perpendicular à sua estrutura. O ponto fraco das estruturas de madeira é não ter resistência suficiente contra o fogo/não ter a segurança necessária durante um terramoto/não poder ser utilizada em diferentes áreas/baixa resistência contra insectos. Embora a maioria destes casos possa ser resolvida com as tecnologias actuais. Mesmo alguns destes pontos fracos tornaram-se os pontos fortes deste tipo de estruturas através da sua resolução. Por exemplo, atualmente, as estruturas de madeira são opções adequadas contra os sismos. No Irão, as estruturas de madeira são sobretudo utilizadas nas regiões do norte do país devido à existência de florestas e de recursos de madeira abundantes, mas há exemplos de vários tipos de estruturas de madeira noutras regiões. Na maioria das casas de madeira do norte do país, as colunas de suporte transferem o peso do edifício para as fundações de rolos. Na província de Gilan, os carvalhos e as cicutas são utilizados como estruturas de madeira. As paredes de madeira no Irão são feitas de 4 formas gerais: zagmeh, zagali, ripado e verchin. As paredes de Zagmah são feitas de palha e palha de flores. Os materiais de construção das paredes são ramos de carvão e palha de flores. As paredes de ripas utilizam tábuas de ripas, e as paredes de verchite são feitas de contraplacado. O melhor padrão utilizado é a parede diagonal reforçada. Esta parede é leve e tem uma elevada resistência e uma boa integridade, tendo sido poupada a utilização de madeira. A utilização de todos os tipos de estruturas de madeira no Irão tem sido limitada desde a antiguidade e, por esta razão, muitos artesãos não trabalhavam neste domínio. Por este motivo, a construção de juntas de madeira no Irão não progrediu muito. Normalmente, a madeira era utilizada como contenção e suporte para as estruturas, e a própria madeira era utilizada principalmente como estrutura nas casas da planície do Cáspio. Os componentes de uma estrutura de madeira são semelhantes aos das estruturas metálicas e de betão, com exceção dos casos em que as propriedades inerentes à madeira são as mesmas. Os componentes das estruturas de madeira dividem-se em duas categorias: componentes de flexão e componentes de compressão. Para proteger as estruturas de madeira, é habitual cobri-las com uma camada de madeira. Isto deve-se ao facto de o gesso conter alguma água e não ser tão inflamável como a madeira. É de notar que a madeira só tem um mau desempenho quando se incendeia. Mas as vigas de madeira espessas apresentam uma resistência adequada ao fogo após a combustão devido à presença de uma camada de carvão vegetal sobre elas. Durante um incêndio, o aço das estruturas metálicas derrete e o betão desmorona. Mas a madeira resiste ao fogo durante muito tempo. Uma das coisas mais importantes nas estruturas de madeira é a harmonia e a integridade dos vários membros. Se isto acontecer, teremos uma estrutura muito forte e maravilhosa. Cada parte do sistema estrutural de madeira deve desempenhar corretamente o seu papel e complementar as outras partes. Os diferentes aspectos da estrutura de madeira devem ser capazes de cobrir as desvantagens uns dos outros. A coluna ligada ao chão, o chão ligado à fundação e a coluna ligada ao teto devem desempenhar bem as suas funções. As diferentes partes da estrutura de madeira estão ligadas entre si por diferentes ligações que podem ser muito simples ou muito complexas. Nas uniões de madeira, é preferível utilizar a quantidade mínima de elementos externos, como parafusos e pregos, e a melhor opção é utilizar uniões de madeira com madeira. Por exemplo, as juntas de junta, as juntas de válvula, etc. são opções adequadas. A conceção e a construção de cabanas de madeira são, sem dúvida, um dos tipos mais especiais de moradias. As estruturas mais semelhantes e mais próximas das estruturas de madeira em termos de estrutura são as estruturas lsf. A conceção das estruturas de madeira em termos de sistemas de gravidade e de apoio lateral é semelhante à conceção das estruturas de LSF. Em termos de conceção da estrutura, não há grande diferença entre a conceção de estruturas de madeira e a conceção de estruturas de aço ou de estruturas de betão. O sistema de carga gravitacional das estruturas de madeira é constituído por painéis que são elementos verticais e horizontais densos. Devido à elevada densidade de elementos verticais, estas estruturas geralmente não apresentam problemas em termos de carga de gravidade. O sistema de suporte lateral das estruturas de madeira pode ser implementado como contraventamento ou parede de cisalhamento. No nosso país, o sistema de estruturas é geralmente na forma de contraventamentos, e a razão para isso é a implementação mais simples de contraventamentos, bem como o preço elevado das placas que são utilizadas como paredes de cisalhamento. Uma discussão importante no controlo e conceção de estruturas de madeira é o fenómeno de vibração e vibração das vigas de cobertura. Porque o módulo de elasticidade da madeira usada é geralmente baixo e deve ser dada especial atenção a este fenómeno no que diz respeito à deformação. A relação de resistência dos materiais na conceção de elementos de madeira também é estabelecida, e apenas devido à não homogeneidade dos materiais de madeira, as tensões admissíveis das estruturas de madeira devem ser multiplicadas por uma série de coeficientes de correção, que podem ter um efeito decrescente ou crescente. Devido à leveza deste tipo de estruturas, as dimensões da fundação das estruturas de madeira são geralmente pequenas. Além disso, devido à leveza destas estruturas, a carga de vento é frequentemente mais dominante do que a carga sísmica no projeto, e estas estruturas são normalmente concebidas para a força lateral do vento. Os contraventamentos utilizados neste tipo de estruturas são frequentemente contraventamentos em forma de K, de acordo com a geometria dos painéis. Devido à simplicidade de aplicação dos contraventamentos nas estruturas de madeira, para reduzir a força de elevação de cada contraventamento e controlar o movimento do pavimento, recomenda-se que os vãos sejam contraventados um pouco mais do que o necessário, porque, em termos de custo, não inclui um montante significativo. O sistema de carpintaria das paredes das estruturas de madeira é normalmente martelado a partir do exterior ou da parte da frente. Do lado de dentro, se o sistema de suporte lateral tiver a forma de uma parede de cisalhamento, deve ser utilizado o chamado contraplacado. Se o sistema de contraventamento for utilizado como sistema de suporte lateral, o lado interior também pode ser martelado. Devido ao material da madeira, é praticamente impossível efetuar uma ligação chamada ligação de viga, e todas as ligações em estruturas de madeira são articuladas. . Na base dos pilares, para evitar o deslizamento e a deslocação dos painéis, a ligação é geralmente feita com a ajuda de cantos de aço ou cintas de aço. Um ponto muito importante na conceção do sistema de suporte lateral desta estrutura é a questão da elevação, que deve ser controlada devido à leveza destas estruturas. Os pormenores da ligação para lidar com a força de elevação são normalmente utilizados através da utilização de chumbadouros na base dos contraventamentos, que podem ter resistência suficiente contra a força de tração. Devido à ausência de betão nas estruturas de madeira convencionais no chão dos pisos, talvez À primeira vista, o diafragma horizontal não possa ser considerado rígido. Mas, normalmente, devido às forças reduzidas em comparação com as estruturas convencionais concebidas contra sismos e ao controlo do movimento do pavimento, o diafragma pode ser considerado rígido. Se o diafragma for rígido, deve ser considerada a questão da torção acidental e da torção causada pela distância entre o centro de rigidez e o centro de massa dos pavimentos. Um dos pontos importantes no controlo dos elementos de aço é o controlo da tensão de esmagamento ou tensão de apoio. Por outras palavras, as vigas devem ter resistência suficiente para a pressão perpendicular às fibras contra as reacções de apoio. Os elementos das estruturas de madeira são semelhantes às estruturas de betão armado no controlo das deformações. Ou seja, para além da elevação imediata, sofrem deformações a longo prazo. Naturalmente, uma vez que a carga dominante na conceção do sistema de suporte de gravidade é a carga viva, no controlo das deformações a longo prazo, podem ser considerados cerca de 20% da carga viva. O lado é a utilização de cintas de aço. Como o módulo de elasticidade do aço é cerca de 40 vezes superior ao módulo de elasticidade da madeira, têm um efeito positivo significativo no controlo das deformações e das vibrações. Uma das vantagens da estrutura de madeira que a distingue das estruturas habituais de betão e aço é a elevada velocidade de execução. é O método de execução das estruturas de madeira é semelhante à estrutura LSF. Desta forma, o plano executivo dos painéis é preparado e os painéis são pré-fabricados na oficina. O principal meio de ligação nas estruturas de madeira são os pregos. No entanto, são normalmente utilizados parafusos compridos para ligar os painéis uns aos outros. Nalgumas estruturas, dependendo dos planos arquitectónicos, pode haver colunas longas que têm de ser utilizadas colunas compostas para evitar a sua deformação. Um ponto muito importante na conceção de elementos compósitos é o controlo do fluxo de corte e das peças de ligação, de modo a atingir a capacidade máxima da secção transversal. As estruturas de madeira têm uma grande desvantagem, para além das vantagens mencionadas, que é o problema do fogo. Em muitos regulamentos, a conceção de estruturas de madeira contra o fogo é apenas para uma combustão lenta, e muitos incêndios levam à destruição de toda a estrutura. Naturalmente, num sistema avançado, é utilizada uma série de vedantes de ar em diferentes partes da estrutura, o que impede o fogo e a sua propagação a diferentes partes da estrutura. As estruturas de madeira tornaram-se uma das escolhas mais populares dos engenheiros de estruturas devido à sua beleza, calor natural, resistência a terramotos e baixo custo. A utilização da madeira na construção de edifícios como um método sustentável e leve tem sido muito considerada nos últimos anos. A conceção de uma estrutura de madeira e de uma casa de madeira, utilizando as propriedades físicas e mecânicas únicas da madeira, pode ser utilizada como uma solução sustentável e bonita na construção. A madeira, enquanto recurso natural com características únicas, é utilizada na construção. E o sector da construção é muito utilizado. A lição sobre estruturas de madeira também examina e ensina sobre a construção e a conceção de estruturas em que a madeira é utilizada como material principal. Os edifícios de madeira existem desde há muito tempo e desde a primeira era de povoamento humano, e sempre mudaram ao longo da história com pequenas alterações. continuaram a sua presença na vida humana. A construção de estruturas de madeira ou de casas de madeira com madeira é mais antiga do que a construção de casas com outros materiais. Pode dizer-se que, depois da madeira, o barro e depois o tijolo foram outros materiais de construção ao longo da história. Uma das vantagens importantes e famosas da madeira é a sua leveza e elevada durabilidade. Estas características levaram a que fosse utilizada em edifícios feitos com outros materiais. Especialmente hoje em dia, a utilização de materiais de madeira tornou-se muito comum na conceção da fachada de edifícios de betão ou de aço. A madeira torna a cor e o efeito da fachada de um edifício muito especiais e únicos e, ao mesmo tempo, a sua leveza fez com que o peso do edifício diminuísse e o processo de execução fosse mais fácil. No início deste tópico, deve ser mencionado que a madeira do pinheiro é geralmente utilizada na construção de estruturas de madeira. Por isso, os aspectos mencionados a seguir estão sobretudo relacionados com este tipo de madeira. Relativamente à utilização da madeira de pinho e de outras madeiras na construção, deve ter-se em conta que não existem dois tipos de madeira iguais em qualquer parte do mundo e que cada um tem as suas características únicas. Por exemplo, dois pinheiros que tenham crescido no mesmo país e na mesma região, devido a condições diferentes, como a quantidade de luz recebida, o fluxo de vento e de ar que o rodeia, o tipo e o tipo de solo, etc., não são de modo algum semelhantes entre si. Por conseguinte, não serão apresentados. A madeira é geralmente preparada a partir dos troncos das árvores ou dos seus ramos muito grossos. No interior do tronco da árvore, existem tecidos em rede para transferir os nutrientes para as diferentes partes da árvore. Quando se corta o tronco, estas linhas podem ser vistas sob a forma de um círculo, e a idade da árvore também pode ser determinada a partir do número de cada uma destas linhas. De facto, a cada ano que a árvore cresce, acrescenta-se uma linha à quantidade de linhas vasculares do seu tronco. A atenção a estas características da madeira utilizada nas construções de madeira deve-se ao facto de a capacidade de carga de uma estrutura de madeira depender da idade da madeira e da existência destas linhas. Geralmente, a carga sobre estas madeiras deve ser efectuada durante a construção de casas de madeira de forma a que a carga seja distribuída ao longo do percurso destes tecidos ou paralelamente a eles. O tronco de uma árvore tem duas partes, o tronco exterior e o interior. Diz-se que o tronco exterior é a parte onde a água e a seiva fluem dentro dos seus tecidos e é naturalmente mais macio do que a parte interior. A parte interna ou núcleo da madeira é a parte que não desempenha o papel de nutrição e transferência de materiais e, por isso, é mais dura do que a parte externa do tronco da árvore. Uma vantagem e diferença da madeira em relação à argamassa é que, ao contrário da argamassa, a madeira tem a capacidade de suportar as forças de compressão e de tração que lhe são impostas. Esta vantagem pode ser aproveitada se for utilizada num caminho correto no edifício. Este trajeto deve ser oposto ao trajeto da estrutura celular da madeira. De facto, o carregamento deve ser feito ao longo do eixo longitudinal da madeira. Quando utilizada em tal estado, a madeira pode suportar quatro vezes a força de pressão; mas se as forças forem aplicadas ao longo das linhas radiais, isso não acontecerá. Assim, durante a construção de edifícios de madeira, é necessário prestar atenção à forma como as madeiras são colocadas nas estruturas de madeira. Se colocarmos as madeiras na direção longitudinal, elas estarão no estado mais ideal e suportarão a maior tensão e pressão. . Este facto deve ser tido em conta na construção de casas de madeira. Naturalmente, a capacidade de suportar a carga imposta à madeira também depende de factores como a densidade da madeira e a espessura das paredes das células de madeira. Entre as árvores, as texturas longitudinais do pinheiro são mais favoráveis do que as restantes. Por este motivo, a melhor madeira para a construção de estruturas de madeira é a madeira de pinheiro. Além disso, as árvores cuja madeira tem mais semelhanças estruturais com o pinheiro são também utilizadas para a construção de edifícios. A madeira redonda à qual se retirou a casca ou se descascou uma parte dessa madeira chama-se madeira de lei. Algumas das madeiras utilizadas na indústria da construção nas serrações e na produção de madeira são produzidas em forma retangular e são cortadas longitudinal e transversalmente, caso em que já não podem ser chamadas de madeira de folhosas. Algumas árvores são completamente cerne, ou seja, todos os tecidos Os seus corpos são rígidos. Algumas são conhecidas como árvores de seiva, o que significa que todo o tronco faz o trabalho de transferência de seiva e água e, finalmente, há árvores cujo tecido do tronco é coagulado. O seu núcleo ou cerne e a parte que transporta a seiva da madeira são os mesmos, e a sua diferença está na quantidade de humidade nestas duas partes. O núcleo destas árvores tem uma quantidade muito pequena de seiva, e esta caraterística faz com que o seu núcleo seja seco. Ao mesmo tempo, a seiva destas árvores é pegajosa. Entre estas árvores, devemos mencionar o pinheiro, a árvore-rei, o milad, o ácer e a faia. Relativamente às árvores que têm um cerne de madeira e escuro, é de referir que a seiva no seu interior é de cor clara. Quando existe seiva com estas características no interior dos seus troncos, estas árvores tornam-se estáveis face à natureza e aos factores climáticos. A nogueira, o choupo, o larício e o pinheiro são algumas das árvores com seiva. É de referir que o seu cerne e a sua seiva não diferem em termos de cor e viscosidade. O amieiro, o tabrizi e o ghosha encontram-se entre estas árvores. Ao construir uma estrutura de madeira, é necessário que a madeira utilizada seja medida em três áreas. Estas áreas incluem a seleção de madeira para edifícios de madeira, a estrutura de proteção da madeira e a proteção química da madeira. Na explicação da seleção de madeira para uma vivenda de madeira, deve ser mencionado que estas madeiras devem ser secas e que é necessária uma humidade inferior a 20% na sua estrutura. Na maioria dos países, as madeiras são classificadas de acordo com a sua resistência aos insectos. As árvores que têm uma boa resistência aos insectos podem ser utilizadas em ambientes húmidos sem necessidade de as proteger com uma camada química. É claro que, se estas madeiras estiverem em contacto com o solo, precisam definitivamente de proteção química. Por conseguinte, neste caso, será necessário medir a proteção química. A estrutura de proteção da madeira também é tal que, para evitar as pressões que são aplicadas a um edifício de madeira longitudinalmente e transversalmente, é utilizada madeira especial em locais como o centro do edifício ou paredes e tectos. É possível aumentar a estabilidade do edifício contra estas forças e o seu poder destrutivo. A medição da madeira e da madeira utilizada para proteção deve ser feita por peritos e especialistas experientes. Entre os factores que podem afetar o sistema de construção com madeira, contam-se as diferenças de clima das diferentes regiões, o nível de acesso aos materiais necessários, a cultura e os elementos culturais da região em questão, o clima da região e as ferramentas disponíveis. A título de exemplo, refira-se a utilização de madeira redonda, geralmente de pinho na região do Norte da Europa, selecionada em função do clima e da disponibilidade de recursos; enquanto nas regiões do Sul deste continente, a construção de casas em pedra tem sido uma prioridade. Atualmente, a construção de edifícios de madeira em toro tem vindo a generalizar-se devido à maior abundância de árvores que produzem essa madeira, e também devido à expansão e ao desenvolvimento. A indústria dos transportes, a deslocação e a transferência destes materiais para outros locais é mais fácil do que no passado. Além disso, o isolamento da madeira utilizada nas estruturas de madeira tornou-se uma prática comum em todas as partes do mundo e pode dizer-se que as casas de madeira estão a evoluir para um padrão comum e aceite em todo o lado. É claro que a cultura e o clima continuam a influenciar a forma, a utilização e a dimensão dos edifícios, mas os aspectos técnicos e de engenharia tornaram-se quase idênticos. Além disso, de acordo com o relatório da FAO, em 2022, cerca de 40% da área florestal mundial será utilizada para a produção de madeira. Uma parte significativa desta madeira é utilizada para a construção, incluindo a construção de casas. Analisamos diferentes tipos de estruturas de madeira: estruturas de madeira simples, como bonecas, mesas e cadeiras, concebidas para serem utilizadas em casas ou noutros espaços. estruturas de madeira decorativas, utilizadas como peças decorativas no interior de casas ou espaços comerciais para dar mais beleza e esplendor ao espaço. Construção de pavimentos para casas e edifícios, que utilizando a madeira e a sua resistência, oferece a possibilidade de proporcionar um pavimento forte e bonito. Construção de vedações de madeira para proteger e embelezar o ambiente, normalmente utilizadas para proteger animais de estimação ou decorar espaços abertos. Estruturas decorativas de madeira que são utilizadas para decorar e adornar paredes, tectos e espaços interiores e exteriores. Portas de madeira das casas que contribuem para a beleza e o esplendor da casa, para além da segurança e da proteção. Caixilharias de janelas que desempenham um papel importante na resistência e beleza da fachada. Têm como objetivo a construção de edifícios exteriores. Fabrico de mobiliário que é utilizado como peças básicas na decoração interior de casas e espaços comerciais. Gazebos exteriores de madeira concebidos como um local para relaxar e desfrutar da natureza ao ar livre. Fabrico de modelos e bonecos que são utilizados como instrumento de ensino.

São utilizados para decoração e entretenimento. Construção de moradias de madeira que são utilizadas como locais de lazer e de descanso em zonas com uma natureza especial. Construção de cabanas e casas de madeira, que são normalmente construídas em zonas com um belo ambiente natural e adequadas para relaxar e viver na natureza. Estes tipos de estruturas de madeira dividem-se em diferentes bases, tais como a utilização, o tipo de madeira, o estilo de design arquitetónico, o número de pisos e a área útil. A estrutura de madeira tem muitas vantagens que a tornam uma opção muito atractiva para várias construções. Elevada rapidez de construção e execução: devido às suas características especiais, como a leveza e a flexibilidade, a estrutura de madeira permite uma construção e instalação mais rápidas do que a estrutura de betão ou de aço. Essa rapidez na construção significa redução de custos e menor tempo de mão de obra. Compatibilidade com a natureza e as condições climatéricas: A madeira, como material natural, é uma parte inseparável da natureza. Além disso, a madeira tem uma boa resistência a diferentes condições ambientais, como a humidade e a temperatura. Leveza e peso reduzido: Devido ao seu menor peso, as estruturas de madeira são a opção mais adequada para edifícios que requerem cargas ligeiras. Além disso, o menor peso destas estruturas pode reduzir os custos de transporte. Rentabilidade: A utilização da madeira como material principal das estruturas reduz o custo de construção, especialmente em comparação com as estruturas de betão ou aço. Além disso, o menor custo de manutenção e reparação é uma das vantagens da utilização da madeira. Durabilidade e longa vida útil: Com uma utilização e manutenção adequadas, a estrutura de madeira é durável e tem uma vida longa. A madeira pode ter uma elevada resistência à pressão, à tensão e às mudanças de temperatura e humidade. Isolamento e desempenho sonoro: a madeira tem propriedades de isolamento sonoro. Devido a estas vantagens, a utilização da estrutura de madeira está a aumentar amplamente em vários sectores da construção, desde casas a edifícios comerciais, e é conhecida como uma opção popular e sustentável. A estrutura de madeira está associada a muitas características e vantagens, mas, juntamente com estas vantagens, é normalmente acompanhada de desvantagens que devem ser consideradas. Baixa resistência ao fogo: uma das piores desvantagens da utilização da madeira na construção. A sua baixa resistência ao fogo. A madeira arde rapidamente e esta propriedade é muito perigosa, especialmente nos casos em que as estruturas de madeira estão em risco de incêndio. Sensibilidade à humidade e aos insectos: A madeira é sensível à humidade e aos insectos devido à sua estrutura porosa. A humidade pode provocar o apodrecimento e a deterioração da madeira, enquanto os insectos podem destruir rapidamente as estruturas de madeira: Trabalhar com madeira requer competências especiais e experiência. Para construir e instalar uma estrutura de madeira, é necessária mão de obra especializada e profissional, que pode ser de difícil acesso em algumas áreas ou mais cara. Problemas a longo prazo devido à humidade: a humidade pode provocar a dissolução e a deterioração da madeira, o que, a longo prazo, reduz a vida útil das estruturas de madeira. No entanto, com a utilização de tecnologias modernas e materiais actualizados, muitas destas desvantagens podem ser resolvidas. Com todas as vantagens e desvantagens da estrutura de madeira, devido às suas características únicas e diversas, tem muitas aplicações no sector da construção. Pode ver estas utilizações abaixo: Moradias, casas e chalés: A madeira é utilizada como material de construção principal na construção de vivendas, casas e chalés. A beleza e o calor da madeira são muito bem-vindos na conceção e execução de edifícios residenciais. Jardins de telhado: A madeira é utilizada como material principal na construção de jardins de cobertura, sendo estes espaços de grande interesse para a utilização do espaço acima do edifício e para a criação de um ambiente verde e bonito. Estruturas pré-fabricadas e semi-pré-fabricadas: As estruturas de madeira pré-fabricadas e semi-fabricadas estão entre as aplicações atractivas e populares que tornam fácil e rápida a sua implementação e instalação. Portas e janelas: A madeira é utilizada como o principal material na construção de portas e janelas, e estes elementos contribuem para o design e a beleza dos espaços interiores. e o exterior do edifício ajuda. Decoração de interiores: a madeira é utilizada na construção de armários, pavimentos, revestimentos de parede e outros elementos decorativos no interior dos edifícios, o que contribui para a beleza e o aconchego do espaço. Pérgulas, paredes térmicas e pérgulas: as estruturas de madeira, tais como pérgulas, paredes térmicas e pérgulas, são utilizadas como espaços de lazer ou para decorar espaços abertos. Estruturas de suporte de carga: A madeira é utilizada como material de suporte de carga na construção de vigas, colunas e armações, que são muito vitais para a criação de estruturas estáveis e resistentes. Em geral, a estrutura de madeira na indústria da construção, do ponto de vista da decoração de interiores, dos materiais de construção e das estruturas de suporte de carga, tem uma variedade de aplicações, que são altamente consideradas devido às características únicas e à beleza natural da madeira. Para a construção de estruturas de madeira, é importante a utilização de madeiras muito adequadas. A madeira utilizada para a construção da estrutura de madeira deve estar dita seca, ou seja, ter passado algum tempo desde que foi cortada. Hoje em dia, através da utilização de fornos de secagem, a madeira é completamente seca, o que resolve muitos problemas que existiam nas estruturas de madeira no passado.Os tipos de madeira que são utilizados para construir estruturas de madeira devem ter um teor de humidade inferior a 20% para terem uma resistência e força adequadas. Para este efeito, utiliza-se a madeira obtida de pinheiros, abetos e árvores de folha perene. Devido ao facto de crescerem em regiões com clima especial e ambientes frios, estas madeiras têm uma elevada resistência e força. Entre estas madeiras, podemos mencionar as madeiras da família do carvalho, do buxo, da nogueira, da faia e do pinheiro, que têm uma história de utilização antiga e tradicional no Irão, especialmente nas regiões do norte, e são conhecidas como madeiras resistentes e de alta qualidade. A utilização destas madeiras em estruturas de madeira é recomendada como uma escolha adequada e segura. O contraplacado ou madeira contraplacada, devido às suas características únicas, tem aplicações muito vastas em vários sectores. Fabrico de mobiliário e decoração: O contraplacado é utilizado como um dos principais materiais no fabrico de mobiliário e decoração de interiores. Este produto é utilizado para fabricar todo o tipo de mesas, cadeiras, armários, roupeiros e outros componentes de mobiliário. Fabrico de estruturas de madeira: O contraplacado é utilizado no fabrico de todo o tipo de estruturas de madeira, como tectos, pavimentos, paredes e outros componentes. Esta utilização inclui tudo, desde edifícios residenciais a edifícios comerciais e de escritórios. Fabrico de formas de betão: O contraplacado é utilizado no fabrico de formas de betão para a construção de edifícios e estruturas de betão. Os moldes de betão são feitos com contraplacado para moldar o betão no processo de construção. O contraplacado sempre foi uma das principais escolhas em várias indústrias devido às suas características como a elevada resistência, o peso leve, a flexibilidade adequada e muitas aplicações. Devido às características únicas da estrutura de madeira e às suas vastas aplicações em várias indústrias, a utilização da madeira como componente básico e muito importante na construção, decoração de interiores, etc., continua a ser popular. Como recurso renovável e amigo do ambiente, a madeira é de grande importância e pode ser utilizada como uma alternativa sustentável e amiga do ambiente aos materiais de construção consumíveis. A madeira é um dos materiais de construção mais utilizados desde o início da história da humanidade. De facto, os materiais de madeira são adequados para quase todas as construções e até mesmo para renovações. Os edifícios com estrutura de madeira podem ser utilizados para diferentes fins; sejam torres altas, grandes pavilhões ou mesmo pontes. Mesmo com o rápido desenvolvimento da tecnologia de construção, a utilização de estruturas de madeira e a construção de casas de madeira continuam a ser populares. Na continuação do debate, vamos discutir as novas ferramentas de projeto de construção, apresentar as vantagens e desvantagens das estruturas de madeira, bem como a utilização de estruturas de madeira no BIM. As utilizações e os benefícios das estruturas de madeira no sector da construção são muitos. Porque a madeira é um dos materiais mais diversificados e duradouros da natureza. A madeira tem sido utilizada ao longo da história para desempenhar o papel de componentes estruturais e também como revestimento de espaços. As primeiras estruturas construídas pelo homem eram vigas de madeira ou vigas cobertas com lama ou barro com tijolos de barro. Mas, no mundo atual, com o crescimento e o avanço da tecnologia, a utilização de edifícios com estruturas de madeira voltou a ser utilizada e está entre as estruturas implementadas. Pode ver-se claramente a utilização da madeira na estrutura principal da estrutura. No entanto, a utilização da madeira para fins de construção tem vantagens e desvantagens que apresentaremos de seguida. A madeira é um material muito durável e estável. Durante séculos, a madeira tem sido utilizada para tudo, desde a construção a mobiliário e decoração de interiores, porque é um material forte mas flexível. Esta caraterística facilita o trabalho com o material de madeira. Além disso, pode ser cortada em qualquer forma desejada; esta vantagem torna a madeira ideal para projectos personalizados que exijam curvas ou ângulos. A madeira é um material renovável e reciclável, pelo que tem menos impacto negativo no ambiente e é conhecida como um material amigo do ambiente. Outra vantagem da estrutura de madeira é o isolamento contra o calor. Isto significa que pode impedir a fuga de calor. Esta caraterística ajuda a manter a temperatura da casa ou do edifício. De facto, a execução da estrutura com material de madeira preserva mais calor no interior e impede a entrada de ar frio no exterior. A madeira tem propriedades electrostáticas; isto significa que, em contacto com a eletricidade, não é carregada e, consequentemente, não fica com poluição ou poeira. Esta caraterística será muito benéfica para manter o interior limpo e até para as pessoas com alergias. Por conseguinte, a utilização de uma estrutura de madeira em áreas com muito pó fino é uma opção adequada. A madeira tem uma condutividade térmica mais elevada do que outros materiais, como o aço ou o betão. Isto significa que será capaz de transferir energia térmica mais rapidamente do que outros tipos de materiais de construção. A madeira é muito fácil de trabalhar, porque pode ser facilmente transformada em qualquer forma necessária para fins de construção. A madeira é menos densa do que outros materiais de construção, como o aço ou o betão. Consequentemente, ao conceber uma estrutura que tem de suportar um determinado peso, pode utilizar menos madeira do que outros materiais. A madeira, sendo um material leve, não é muito prática para criar um isolamento acústico; mas é absolutamente ideal para absorver o som. Porque a madeira evita o eco e o ruído ao absorver o som. Por esta razão, este material é muito utilizado em salas de espetáculo. É muito fácil reparar e manter edifícios com uma estrutura de madeira, de modo que a madeira velha pode ser renovada e restaurada com manipulações especiais; Mas outros materiais são muito difíceis e caros de manter e reparar; Como resultado, eles são geralmente descartados. A madeira tem um preço mais baixo em comparação com outros materiais estruturais, como o aço ou o betão. Além disso, a alta velocidade de construção com madeira faz com que a mão de obra custe menos no processo de construção. Por este motivo, em muitos casos, construir uma estrutura com material de madeira é mais económico do que construir uma casa de metal ou de betão. Embora as vantagens de uma estrutura de madeira não possam ser ignoradas; mas todos os materiais de construção, para além de terem vantagens, também têm desvantagens, e a madeira não é exceção a esta regra. Com o tempo, a madeira apodrece devido à penetração de humidade, o que provoca fissuras na superfície da madeira. Este problema enfraquece a sua integridade ao longo do tempo. De facto, estas fissuras tornam a madeira inadequada para uma utilização estrutural. Além disso, a água da chuva pode infiltrar-se nas fendas das estruturas de madeira e enfraquecê-las ainda mais com o tempo, criando mais fendas. A principal razão para isto é a decomposição natural da madeira por fungos e bactérias em ambientes húmidos. Este processo provoca rupturas nas paredes celulares, tornando-as mais porosas e permitindo que a água entre facilmente na madeira. Recomenda-se que a madeira tenha menos de 5% de humidade para ter uma boa segurança contra os fungos. Em caso de incêndio acidental, uma casa com estrutura de madeira não resiste ao calor e às chamas como uma estrutura de tijolo ou aço. No entanto, uma casa com estrutura de madeira pode ser isolada com materiais retardadores de fogo. Isto retarda a propagação das chamas e também reduz a produção de fumo. O congestionamento é um problema que pode ocorrer em qualquer tipo de estrutura, mas pode ser muito difícil de resolver. A condensação ocorre quando o ar quente do interior toca numa parede fria e mal isolada. Se isto acontecer numa estrutura que tenha uma estrutura de madeira, pode apodrecer a estrutura do edifício. É importante lembrar que nenhum material de construção é perfeito, razão pela qual são frequentemente utilizados materiais diferentes para cada projeto. No entanto, a madeira é muito utilizada no sector da construção. Uma das suas maiores vantagens é o facto de estarem prontamente disponíveis na natureza e, em muitos países, a sua aquisição ser muito acessível. Estes edifícios incluem não só madeira pesada e madeira dimensional, mas também produtos novos e inovadores (geralmente resistentes ao fogo) como a madeira laminada cruzada (CLT), a madeira laminada com pregos (NLT) e a madeira laminada colada. Estes materiais, bem como outras inovações de design, tornaram as estruturas de madeira maciça uma alternativa popular e segura aos projectos em betão e aço. Quando se trata de construção com materiais de madeira, é essencial garantir a longevidade e a segurança da estrutura. Este objetivo será alcançado se o arquiteto, ao escolher a madeira como estrutura principal da estrutura, prestar também atenção às condições meteorológicas do projeto e ao clima da região. Dado que o material de madeira incha e sofre quando recebe humidade. Fica danificado, pelo que não é um material adequado para um ambiente que está constantemente em contacto direto com a água e a humidade. Mas é de salientar que num clima moderado e húmido, apesar da elevada humidade, a madeira é um dos principais materiais de construção; porque a madeira em zonas húmidas tem a capacidade de absorver o excesso de humidade e evitar a criação de ar desagradável. Por outro lado, num clima quente e seco, a existência de uma estrutura de madeira cria um clima agradável; porque a madeira tem a capacidade de transferir a humidade do seu interior para o ambiente circundante. Por outro lado, em climas frios e montanhosos, a utilização de madeira em estruturas é geralmente pouco frequente, sendo os materiais de pedra utilizados maioritariamente para implementar estruturas. A modelação tecnológica BIM (Building information technology modeling) tem o potencial de expandir o poder de conceção de edifícios com estruturas de madeira e a sua implementação no sector da construção. A adoção de tecnologias avançadas como o BIM pode permitir a capacidade de construção fora do âmbito real da execução do projeto, o que conduz a uma maior produtividade, confiança e melhoria significativa da qualidade no processo de execução. Utilização do sistema BIM para a engenharia de estruturas de madeira Uma vez concluído, podem ser alcançadas várias melhorias significativas: Em primeiro lugar, a equipa de projeto pode utilizar o BIM para desenvolver e verificar a estrutura básica da estrutura de madeira e o seu funcionamento. A equipa de construção pode então utilizar este modelo para criar uma planta digital que os ajude a planear e executar a construção dos componentes do sistema estrutural e a praticar a montagem das peças pré-fabricadas. Além disso, com a adição de outros programas e software, os projectistas podem simular o debate energético em edifícios com estrutura de madeira e até criar representações utilizando a realidade virtual (o que pode melhorar a compreensão do projeto). A Modelação da Informação da Construção (BIM), enquanto tecnologia, ajuda os arquitectos a tomar melhores decisões. Também ajuda a tornar o processo de entrega do projeto mais fácil e melhor. Consequentemente, a aplicação do BIM na resolução dos actuais desafios da indústria da construção e na conceção de casas de madeira parece ser um passo inteligente. De facto, o BIM permite o intercâmbio entre profissionais e é amplamente utilizado em projectos. Ter um modelo BIM para a implementação de um projeto com uma estrutura de madeira tornou-se um dos componentes essenciais deste tipo de construção, porque a informação das várias partes do projeto é enviada diretamente do modelo BIM para o fabricante, que prepara todos os elementos de construção para a montagem. Como resultado, o tempo de construção é reduzido. Por último, pode referir-se que a importância do conhecimento do BIM é vital para arquitectos, engenheiros e outros envolvidos na construção das nossas futuras cidades, porque, para além de aumentar a produtividade, a eficiência, a precisão e a coordenação entre diferentes componentes podem reduzir os riscos e os custos excessivos no processo de conceção e, em última análise, conduzir a construções mais sustentáveis. O aumento da construção de edifícios com estruturas de madeira e as muitas vantagens que este material popular tem; justifica a importância de aprender o projeto básico de estruturas de madeira. Assim, aprender a conceber estruturas de madeira é essencial para todos os arquitectos e engenheiros que procuram adquirir mais competências neste domínio. Portanto, se está a avançar no sentido de melhorar o seu nível de conhecimentos. Os esqueletos de madeira, tal como outros tipos de esqueletos, precisam, antes de mais, de uma cama para evitar que assentem. Por conseguinte, de acordo com os planos de cálculo, são tomadas as medidas necessárias para implementar a fundação. É de notar que, devido ao peso reduzido dos esqueletos de madeira, se existir um subsolo com uma resistência à compressão adequada, podem ser utilizadas peças de betão pré-fabricadas em vez de fundações largas ou em faixas. Após a implementação da fundação no local desejado, o passo seguinte para criar uma base adequada para o edifício é fazer bobinas de madeira e ligá-las com parafusos de ancoragem especiais. O tamanho destas bobinas é determinado pelo engenheiro contabilista de acordo com o número de pisos e o peso do edifício. No passo seguinte, a bobina principal é ligada entre si por peças de madeira com uma espessura inferior e fornece o substrato necessário para a montagem das colunas. Os parafusos executivos) e os parafusos longos são ligados à bobina de base. É de notar que as colunas devem ser ligadas a pelo menos duas madeiras a partir das madeiras da bobina de base. Sugere-se que a base dos pilares seja colocada sobre um leito resistente para reduzir um pouco a transferência de cargas verticais para a bobina. Com a montagem dos pilares, podemos agora ligar as vigas principais aos pilares. A ligação das vigas principais e secundárias aos pilares é um passo semelhante ao passo de execução da bobina principal sobre a fundação. É de notar que as sub-vigas são geralmente colocadas umas dentro das outras, sob a forma de entrepernas e linguetas na maioria dos esqueletos de madeira, e são ligadas umas às outras por parafusos ou pregos ou, se necessário, por fixadores metálicos ou de madeira. Quando as vigas e as colunas do edifício são instaladas, o seu esqueleto está, de facto, terminado e necessita de um leito para os revestimentos internos e externos finais. A criação deste leito, especialmente nos telhados, é frequentemente criada pelas vigas laterais, pelo que devem ser feitas as fundações necessárias para as paredes laterais. Assim, utilizando madeiras verticais desde o teto até ao chão e tendo em conta a localização das aberturas, faremos a base dos revestimentos finais e, de acordo com a opinião do projetista, serão também instalados os materiais de revestimento. O lado exterior ou interior das paredes é revestido, depois criamos uma camada protetora entre as duas camadas do revestimento interior e exterior com espumas isolantes (por exemplo, espumas de poliuretano) e, finalmente, é aplicado o revestimento final. Para não mencionar que, normalmente, os tubos das instalações mecânicas e eléctricas também são colocados entre estas duas camadas da parede. A maior parte dos edifícios de madeira são construídos com telhados inclinados. Por conseguinte, podem ser cobertos com diferentes materiais que são utilizados para cobrir telhados inclinados. Mas deve ter-se em atenção que a cobertura dos telhados deve ser feita de modo a que tenham a resistência necessária contra as cargas do vento e da neve. Deve-se sempre prestar atenção a alguns pontos quando se constroem estruturas de madeira. Um deles é prestar atenção à direção da carga de madeira, porque a tolerância estreita das estruturas de madeira é basicamente determinada pela carga através do caminho da textura ou paralela a ele, o que também deve ser mencionado nos planos executivos. Porque em caso de falta de qualidade ou de humidade no interior da madeira, a estabilidade do edifício será posta em causa. Em geral, a madeira proveniente de árvores cujo período de crescimento é longo tem uma qualidade superior. Outro ponto importante é prestar atenção ao deslocamento da madeira devido ao aumento ou diminuição do volume devido à contração e expansão, o que pode ser resolvido criando uma distância entre as madeiras e colocando pequenas cunhas (como parafusos ou peças finas de plástico). Pode ser fixado entre as madeiras. Em primeiro lugar, temos de abordar a questão do que é uma estrutura de madeira pré-fabricada e qual é a sua utilização. Em resposta a esta questão, podemos apontar para a principal caraterística das estruturas de madeira, que é a utilização de vários tipos de materiais de madeira em diferentes partes da estrutura. A utilização de vigas de madeira, etc. Os revestimentos de madeira ou termwood, que é um tipo de madeira, têm sido amplamente utilizados em estruturas de madeira pré-fabricadas e têm sido capazes de estabilizar a sua posição entre os diferentes materiais. Tipos de estruturas pré-fabricadas de madeiraSe quisermos categorizar os tipos de estruturas pré-fabricadas de madeira nos seus tipos, devemos mencionar a utilização destas estruturas, que incluem casas, cabanas, moradias ou diferentes residências.Estas estruturas pré-fabricadas de madeira são amplamente utilizadas em diferentes regiões do país, incluindo o norte e noroeste do país, porque nessas regiões tanto a madeira está disponível a um preço razoável como as estruturas de madeira são mais compatíveis com a natureza. Casas de madeira Uma das estruturas de madeira mais importantes, que tem sido amplamente utilizada no sector da construção a nível mundial há muito tempo, são as casas de madeira pré-fabricadas. Uma residência temporária ou permanente que pode ter as características de uma casa completa tem sido capaz de proporcionar uma opção adequada para viver. Em muitas partes do mundo, bem como no nosso país, há madeira a um preço muito barato e de fácil disponibilidade, e este fator tornou a utilização de casas de madeira pré-fabricadas muito útil para as pessoas ficarem em áreas florestais e montanhosas. - As cabanas de madeira pré-fabricadas são muito populares entre as estruturas de madeira. As cabanas de madeira pré-fabricadas podem proporcionar alojamento temporário com uma qualidade muito elevada e em harmonia com a natureza. Muitas pessoas escolhem esta opção como a melhor opção para uma estadia temporária em zonas de floresta ou de montanha. A compatibilidade das estruturas de madeira com a natureza e a sua uniformidade com o ambiente natural fazem com que as pessoas que ficam em cabanas de madeira se sintam próximas da natureza. Ao longo dos últimos anos, quando as grandes cidades se tornaram cada vez mais populosas, a tendência das pessoas para experimentarem cabanas de madeira aumentou cada vez mais.- Moradias de madeira pré-fabricadas, não se pode pensar em construir uma moradia e não pensar em moradias de madeira pré-fabricadas, porque muitos projectos modernos de moradias são feitos com estruturas de madeira pré-fabricadas. No mundo atual e na tendência das pessoas para os materiais e texturas naturais, a madeira e a madeira térmica podem ser utilizadas para conceber todo o tipo de moradias, para dar à estrutura um aspeto mais natural e moderno. e são utilizadas para recreio ou são utilizadas em determinadas estações, pelo que são utilizadas tanto para benesses temporárias como para estadias sazonais de longa duração. O facto de as moradias de madeira serem pré-fabricadas ajuda a que a grande estrutura da moradia seja implementada e posta em funcionamento num curto período de tempo, enquanto que, se optar por estruturas de alvenaria, deverá gastar pelo menos dois anos na construção e implementação do projeto da moradia. O turismo tem vindo a desenvolver-se fortemente nos últimos anos e, consequentemente, a utilização de várias residências em todo o país tem sido muito bem-vinda, o que aumentou a utilização de residências pré-fabricadas em madeira. As casas de madeira pré-fabricadas podem ser projectadas e construídas desde uma pequena casa de campo de vinte metros até uma vivenda de 500 metros com vários andares. Em muitos casos, os projectistas de residências recreativas preferem ter estruturas diversas e diferentes num complexo residencial, que podem ser concebidas e implementadas utilizando material de madeira e de forma pré-fabricada. As vantagens da utilização de estruturas de madeira pré-fabricadasNesta secção, gostaríamos de salientar as vantagens da utilização de estruturas de madeira pré-fabricadas. Para o efeito, devem ser consideradas duas partes, a de madeira e a pré-fabricada. A vantagem da utilização de madeira na construção de estruturas pré-fabricadas é que, em muitos casos, o custo da estrutura é muito razoável e a utilização de material de madeira pode proporcionar uma sensação de naturalidade e vida longe da modernidade. Por outro lado, a utilização de estruturas pré-fabricadas ajuda a realizar vários projectos e aumenta consideravelmente a velocidade de execução dos trabalhos. Enquanto a execução de estruturas pré-fabricadas demora entre 1 e 3 meses, para a execução de estruturas de alvenaria devem ser atribuídos pelo menos 7 meses a 3 anos. Tipos de estruturas e materiais de madeira Deve-se ter em mente que os tipos e tipos de estruturas e materiais de madeira Eles são projetados para que cada um possa ser usado para uma situação especial e especial. As vigas de madeira fortes para utilização em colunas ou pontes da estrutura estão entre as peças de madeira mais utilizadas em estruturas pré-fabricadas, que podem ser decoradas com belos sofás de madeira e design de interiores e exteriores. A madeira térmica e a madeira plástica são dois produtos de madeira que são amplamente utilizados na implementação de projectos de madeira pré-fabricados, porque podem ter uma resistência especial e utilização nos pisos das estruturas, bem como nas paredes externas. O preço das estruturas de madeira pré-fabricadas, como já foi referido, é uma das As vantagens da utilização de estruturas de madeira pré-fabricadas é o seu preço, que é mais adequado do que outros materiais em muitas regiões do país Ao longo da história, muitas estruturas de madeira foram construídas e concebidas pelos melhores arquitectos. Em todas as estruturas de madeira construídas, foi utilizado um design especial que as tornou únicas. O número das melhores e mais belas estruturas de madeira do mundo não é pequeno, aqui estão alguns tipos importantes destas estruturas de madeira. Arquitectos experientes e peritos consideram soluções especiais para a combinação de materiais e formas especiais. Por exemplo, os desenhos de trilhos que são adicionados a partes de edifícios em algumas arquitecturas causaram o esplendor desses edifícios, o que atrai sempre a atenção dos turistas e provoca o desenvolvimento da indústria do turismo nessa área. De acordo com critérios especiais, algumas destas estruturas de madeira estão sempre entre as melhores estruturas de madeira. Naturalmente, é evidente que todos os desenhos e estruturas de madeira têm uma beleza única e esta classificação é considerada com base em critérios especiais. O edifício Eastendparken faz parte de uma das mais belas e superiores estruturas de madeira, que é um complexo residencial de 8 andares concebido por um dos grupos de arquitetura mais experientes, Vin Guards. Todos os interiores e exteriores deste edifício foram feitos de madeira, tendo sido utilizada madeira de cedro para a sua fachada e exterior. A razão para a utilização desta madeira é o facto de se tornar cinzenta com o tempo. Em geral, existem 31 apartamentos neste complexo, cada um dos quais com um tamanho específico. Para além disso, este edifício tem uma beleza especial. Foi gasto muito dinheiro na sua construção, e todos os materiais utilizados têm uma resistência especial. As paredes de gesso deste edifício são utilizadas para dar mais harmonia e aumentar a beleza destas estruturas de madeira. A ponte de Anaklia, projectada na Geórgia sobre o rio Ingori, é considerada uma das mais belas estruturas de madeira. Para além de ser uma das estruturas de madeira mais altas do mundo, esta ponte é também considerada a ponte mais alta da Europa. Estas estruturas de madeira foram construídas em 2012 com um comprimento de 504 metros. A madeira utilizada para construir esta ponte é o carvalho. Claro que, para aumentar a resistência desta ponte, também foi utilizado policarbonato, o que a tornou mais bonita. Para além do facto de esta ponte ser considerada como um espetáculo para ver, também desempenha um papel muito importante para o tráfego em Anaklia. Se viajar para este país, não pode deixar de visitar esta ponte. Irá certamente testemunhar uma das belezas da arte arquitetónica. Os edifícios de madeira são amplamente utilizados e reconhecidos na América, Japão, Canadá e Europa. Em geral, este sistema é considerado o melhor sistema para as zonas sujeitas a terramotos devido à sua leveza. O sistema estrutural dos edifícios de madeira é utilizado na maioria dos países do mundo em zonas sísmicas para a construção de edifícios residenciais com altura normal. Na América, mais de 80% dos edifícios são feitos de madeira. Nos padrões das casas de madeira, um edifício forte é uma estrutura que permanece segura e saudável após um terramoto e pode ser usada e habitada se a estrutura Estruturas de aço e betão significam uma construção forte de uma casa que minimiza as vítimas durante um terramoto, mas os danos financeiros e operacionais não podem ser determinados. Muitos sismos ocorridos em diferentes partes do mundo demonstram que as casas com estruturas de madeira têm uma resistência muito elevada aos sismos. Um princípio muito importante neste sistema estrutural é a integridade da estrutura. Todas as paredes, telhados, telhado exterior, fundações e outros componentes da estrutura são cosidos com grande precisão como uma caixa integrada. Uma das vantagens mais importantes das estruturas de madeira é a sua elevada resistência a todos os tipos de catástrofes naturais (terramotos, inundações e incêndios). O elevado coeficiente de amortecimento da madeira torna-a o tipo de material mais adequado para a conceção de estruturas resistentes a sismos, e a redução da carga morta do edifício até sete vezes em comparação com as estruturas de aço e betão contribui para esta resistência. Deste modo, é seguro afirmar que as estruturas de madeira são um dos melhores sistemas anti-sísmicos. Outra vantagem dos edifícios de madeira é a possibilidade de os adaptar a diferentes condições climatéricas. Hoje em dia, vemos a construção de estruturas de madeira em diferentes temperaturas e humidades em diferentes partes do mundo. Nas regiões frias, com invernos longos e temperaturas do ar frequentemente abaixo de zero, os edifícios de madeira são apresentados como a melhor opção. As paredes deste sistema de construção com revestimentos de placas resistentes, tais como contraplacado ou placas produzidas a partir de OSB (madeira aglomerada orientada), podem atuar como paredes de corte. As coberturas neste sistema de construção são integradas por coberturas resistentes, tais como diafragmas flexíveis, e as asnas finais da cobertura são feitas integralmente com coberturas de chapa de madeira. Um princípio muito importante neste sistema de construção é o de assegurar a integridade da sua estrutura. A fundação, as paredes, os tectos entre os pisos e o telhado final (cobertura), e todos os componentes da estrutura do edifício devem ser cosidos corretamente e com muito cuidado, como uma caixa de uma só peça. Os componentes do edifício devem ser concebidos de forma a que a madeira utilizada na estrutura do edifício actue como compressão ou tração, tanto quanto possível, e não provoque momentos devido ao desvio do eixo. Outro aspeto muito importante neste sistema de construção é assegurar a sua estanquidade ao ar, de modo a que a penetração de ar não exceda os limites especificados, mesmo nos casos em que a diferença de pressão entre os dois lados da parede seja grande. Por esta razão, é necessário vedar corretamente o local onde as paredes se encontram com a fundação, as portas e janelas com a parede, as paredes exteriores entre si e também o local onde as treliças se encontram com as paredes exteriores, utilizando métodos e materiais adequados. A madeira, ao mesmo tempo que é afetada por vários factores naturais, como a humidade e as suas alterações, o calor e as suas alterações, bem como os raios ultravioleta, pode mudar de forma num processo gradual. Estas alterações ao longo do tempo podem levar à falha ou inutilização da estrutura. Na conceção de estruturas de madeira, é necessário ter em conta as questões relacionadas com as alterações dependentes do tempo, incluindo a fluência. Embora a madeira seja um material orgânico, com uma manutenção adequada e o cumprimento dos princípios de conceção e execução do sistema de casas de madeira, pode ter uma vida muito longa. Por exemplo, navios de guerra com mais de 2000 anos encontrados ao largo da costa da Grécia, edifícios suecos com 700 anos e igrejas norueguesas de madeira com 980 anos continuam intactos. Se um dos três factores - humidade, calor e oxigénio - puder ser mantido afastado da estrutura de madeira, a sua corrupção e decomposição podem ser evitadas. Na investigação efectuada pelo autor sobre as propriedades físicas e mecânicas da madeira dos edifícios com 600-700 anos do bairro antigo de Estocolmo, obteve resultados significativos. A resistência e o módulo de elasticidade da madeira bem conservada do edifício são dez a vinte por cento superiores aos da madeira fresca da mesma densidade e tipo. A percentagem de absorção de água da madeira antiga e as suas alterações dimensionais durante a absorção de água e a sua eficácia global contra factores ambientais são inferiores às da madeira nova. A fluência sob a influência de alterações de carga e humidade na madeira velha é muito menor do que na madeira nova. A alteração química dos materiais no invólucro das células da madeira ao longo do tempo provoca uma maior resistência e força da madeira contra os factores ambientais. Em geral, pode dizer-se que, se seguir os princípios do sistema de casas de madeira e souber como a madeira interage com os factores ambientais, pode, sem dúvida, aumentar a vida útil dos edifícios deste sistema para mais de cem anos, mas se for negligente ou não seguir estes princípios, os edifícios de madeira serão extremamente vulneráveis. A fundação deste sistema de construção, para além de suportar a carga leve da estrutura de madeira, deve impedir eficazmente a penetração de água, humidade e insectos na estrutura de madeira. Nos primeiros métodos de construção de casas de madeira, a estrutura das paredes era colocada diretamente no solo ou através de bobinas de madeira, o que provocava o apodrecimento da madeira ao longo do tempo. O que é mais importante na fundação deste sistema é colocar a estrutura de madeira a uma altura acima do nível do solo para reduzir o risco de infiltração de água, humidade, fungos e insectos na estrutura de madeira. Esta altura é mencionada nos regulamentos de construção como sendo de cerca de 30 cm. Os edifícios de madeira são muito leves, de modo que a carga total morta e viva de cada metro quadrado do telhado do edifício é inferior a 400 kg. Por exemplo, a carga que uma casa de madeira de dois andares com uma cave transfere para o solo não é superior ao peso do solo manual e do solo existente antes da construção do edifício. Consequentemente, pode dizer-se que os edifícios baixos de madeira podem ser implementados em terrenos com uma resistência mínima do solo. Afinal, as casas de madeira, devido à sua leveza e integridade, têm um bom desempenho mesmo em caso de assentamento irregular do solo sob a fundação. Em geral, pode dizer-se que o sistema de casas de madeira é mais adequado para terrenos soltos, com uma resistência do solo muito baixa, do que muitos sistemas de construção. As fundações dos edifícios de madeira podem ser largas, em faixa, individuais ou combinadas. A fundação individual pode ser executada com peças pré-fabricadas de betão permanente. Nos casos em que a resistência do solo é muito baixa, é utilizada uma fundação larga. As paredes exteriores funcionam como paredes estruturais isoladas e, por vezes, em conjunto com as paredes interiores. Estas paredes são construídas através da colocação de postes de madeira (Vadar ou mestras) a uma certa distância uns dos outros e sob a forma de uma moldura, colocada sobre a fundação do edifício, que é feita de betão, tijolo ou outros materiais inorgânicos. Nos edifícios baixos, as dimensões destes painéis são geralmente de 5 x 10 cm, colocados a uma distância central de 40 ou 60 cm uns dos outros. As paredes são revestidas com placas de gesso cartonado no interior e folhas de produtos de madeira ou outros materiais adequados no exterior. A fachada deste sistema de construção pode ser feita de todo o tipo de placas de construção, incluindo placas de cimento, candeeiros de madeira, vários revestimentos de polímeros, placas de metal, argila e ardósia. Em áreas chuvosas, as fachadas de tijolo são amplamente utilizadas, construídas sobre a fundação de forma autónoma e cosidas à estrutura de madeira com ligações de aço para estabilidade contra a força do vento. Na parte interior da parede, existe uma barreira de vapor, e na parte exterior, sob a fachada, existe uma camada resistente à penetração do vento e à repelência da água. Entre os blocos de madeira, é aplicado um isolamento térmico mineral, como a lã de rocha, a lã de vidro ou a lã de escória. O esqueleto das paredes de separação interiores é feito como a estrutura das paredes exteriores, com blocos de madeira e sob a forma de uma moldura. As paredes são geralmente construídas horizontalmente no solo e depois montadas. No seu tipo pré-fabricado, todos os componentes da parede são feitos na fábrica e as instalações mecânicas e eléctricas são também instaladas na mesma. Ambos os lados das paredes interiores são revestidos com placas de gesso. Os separadores internos não necessitam de barreira de vapor e de isolamento térmico, mas nos locais necessários, alguns centímetros de lã de rocha de alta densidade são utilizados como isolamento acústico. As paredes de separação de duas unidades de construção são feitas de forma dupla e cobertas com uma ou mais camadas adicionais de placas de gesso e preenchidas com isolamento térmico. O telhado exterior do edifício é geralmente de tipo inclinado, podendo ser constituído por asnas de madeira. As coberturas planas finais neste sistema são maioritariamente implementadas sob a forma de asnas planas. No telhado, é colocado um isolamento térmico adequado e a parte inferior do telhado é coberta com uma barreira de vapor e placas de gesso ou outros materiais adequados. O telhado exterior pode ser pré-fabricado em asnas ligeiras e instalado como unidades individuais. Este tipo de estrutura é concebido de acordo com a experiência e cálculos de engenharia exactos. A utilização de asnas no telhado elimina a necessidade de separadores internos de suporte de carga e permite uma instalação mais rápida do telhado e da estrutura do telhado. As asnas e outros componentes do telhado devem ser concebidos e executados de modo a que, para além de terem a resistência necessária contra cargas verticais, tenham integridade suficiente e possam ter um bom desempenho contra cargas laterais. Na conceção destes componentes, é necessário ter em conta o efeito das forças recebidas durante o transporte e a instalação e o peso dos trabalhadores da instalação durante a execução. A cobertura final, que é implementada em dois tipos, inclinada e plana, tem a mesma estrutura principal em termos de resistência. De um modo geral, pode dizer-se que a maioria dos tipos de coberturas comuns são também aplicáveis a este sistema de construção, desde que sejam implementadas as infra-estruturas adequadas. E as disposições necessárias para o isolamento térmico e de humidade, bem como os cálculos necessários para prever o risco de condensação e infiltração de água da chuva e pressão da neve. Os revestimentos de telhado mais comuns para o sistema de construção em estrutura de madeira ligeira são as chapas metálicas revestidas de argila, areia e resina, papéis multicamadas revestidos de areia e betume e chapas de cimento. As coberturas constituídas por chapas de madeira (telha de madeira) foram comuns em muitas áreas, especialmente no estado da Califórnia, para telhados inclinados, mas atualmente não são permitidas devido a considerações relacionadas com o fogo e a propagação do fogo em complexos de edifícios e povoações. Lâmpadas ou folhas de madeira Os produtos de madeira, como o contraplacado, as placas feitas de aparas de madeira orientada ou outros materiais de madeira, constituem um substrato adequado para a cobertura de telhados em edifícios de madeira. Sobre este substrato, é martelada, em primeiro lugar, uma camada de impermeabilização e, em seguida, consoante o tipo de cobertura final, madeiras de quatro lados de várias dimensões e em duas direcções perpendiculares e a distâncias específicas entre si, consoante as dimensões das partes da cobertura.

REFERÊNCIAS

J. Garcia-Gago, L.J. S' anchez-Aparicio, M. Soil' an, D. Gonz' alez-Aguilera, HBIM para apoio ao diagnóstico de edifícios históricos: caso de estudo da Porta Mestra de São Francisco em Portugal, Autom. Constr. 141 (2022), https://doi.org/10.1016/J.AUTCON.2022.104453.

R. Mora, L.J. S' anchez-Aparicio, M.A. ' Mat'e-Gonz' alez, J. García-Alvarez, ' M. Sanchez- Aparicio, ' D. Gonz' alez-Aguilera, An historical building information modelling approach for the preventive conservation of historical constructions: application to the Historical Library of Salamanca, Autom. Constr. 121 (2021) 103449, https://doi.org/10.1016/J.AUTCON.2020.103449.

D. Bajno, A. Grzybowska, Ł. Bednarz, Edifícios de madeira antigos e modernos no contexto do desenvolvimento sustentável, Energias 14 (2021) 5975. 10.3390/EN14185975.

P. Palma, R. Steiger, Structural health monitoring of timber structures - review of available methods and case studies, Constr. Build. Mater. 248 (2020) 118528,https://doi.org/10.1016/J.CONBUILDMAT.2020.118528.

J.M. Branco, M. Piazza, P.J.S. Cruz, Análise estrutural de duas asnas de madeira King-post: Avaliação não destrutiva e ensaios de carga, Constr. Build. Mater.24 (2010) 371-383, https://doi.org/10.1016/J.CONBUILDMAT.2009.08.025.

A. Cavalli, D. Cibecchini, M. Togni, H.S. Sousa, Uma revisão sobre as propriedades mecânicas da madeira envelhecida e da madeira recuperada, Constr. Build. Mater. 114 (2016) 681-687, https://doi.org/10.1016/J.CONBUILDMAT.2016.04.001.

M. Aydın, T. Yılmaz Aydın, Propriedades elásticas dependentes da humidade da madeira de pinho preto envelhecida naturalmente, Constr. Build. Mater. 262 (2020) 120752, https://doi.org/10.1016/J.CONBUILDMAT.2020.120752.

H. Unterwieser, G. Schickhofer, Influência do teor de humidade da madeira na velocidade do som e no MOE dinâmico da medição da frequência natural e do tempo de execução ultra-sónica, Eur. J. Wood Wood Prod. 69 (2011) 171-181, https://doi.org/10.1007/S00107-010-0417-Y/METRICS.

P.B. Lourenço, H.S. Sousa, R.D. Brites, L.C. Neves, Medição in situ da geometria da secção transversal de estruturas de madeira antigas e sua influência na segurança estrutural, Mater. Struct. Constr. 46 (2013) 1193-1208, https://doi.org/10.1617/S11527-012-9964-5/METRICS.

M. Nocetti, G. Aminti, M. Degl'Innocenti, M. Brunetti, Representação geométrica da secção transversal irregular de elementos de madeira antigos: comparação de diferentes abordagens para a caraterização mecânica, Constr. Build. Mater. 304 (2021) 124579, https://doi.org/10.1016/J.CONBUILDMAT.2021.124579.

B. Faggiano, A. Marzo, Um método para a determinação da densidade da madeira através da avaliação estatística de medições transversais ND destinadas à identificação mecânica in situ de estruturas de madeira existentes, (n.d.). 10.1016/j.conbuildmat.2015.08.088.

J.M. Branco, H.S. Sousa, E. Tsakanika, Avaliação não destrutiva, ensaios de carga à escala real e intervenções locais em duas asnas históricas de madeira, Eng. Struct. 140 (2017) 209-224, https://doi.org/10.1016/J.ENGSTRUCT.2017.02.053.

B. Nowogonska, ' Aspectos técnicos da renovação da armação do telhado do século XVI, Civ. Environ.
Eng. Reports. 29 (2019) 79-88, https://doi.org/10.2478/CEER2019-0045.

E. Poletti, G. Vasconcelos, J.M. Branco, B. Isopescu, Efeitos de condições ambientais extremas de exposição no comportamento mecânico de juntas de carpintaria tradicionais, Constr. Build. Mater. 213 (2019) 61-78, https://doi.org/10.1016/j.conbuildmat.2019.04.030.

J.D. Sørensen, S. Svensson, B. Dela Stang, Reliability-based calibration of load duration factors for timber structures, Struct. Saf. 27 (2005) 153-169, https://doi.org/10.1016/J.STRUSAFE.2004.10.001.

J. Kohler, S. Svensson, Representação probabilística da duração dos efeitos de carga em estruturas de madeira, Eng. Struct. 33 (2011) 462-467, https://doi.org/10.1016/J.ENGSTRUCT.2010.11.002.

Q.Y. Wu, S. Niu, H.J. Wang, Y.B. Jin, E.C. Zhu, Uma investigação do efeito DOL da madeira em tensão perpendicular ao grão, Constr. Build. Mater. 256 (2020) 119496, https://doi.org/10.1016/J.CONBUILDMAT.2020.119496.

A. Brok¯ans, L. Ozola, Significance of factors affecting creep development in timber beams, Res. Rural Dev. 1 (2016) 170-174.

G.R. Searer, T.F. Paret, R.J. Kristie, Contextualizing the load duration-dependent strength of wood members, Struct. Congr. Proc. 2011 Struct. Congr. 2011. (2011) 650-660, https://doi.org/10.1061/41171(401)57.

D.V. Rosowsky, W.M. Bulleit, Load duration effects in wood members and connections: order statistics and critical loads, Struct. Saf. 24 (2002) 347-362,https://doi.org/10.1016/S0167- 4730(02)00031-0.

D.V. Rosowsky, W.M. Bulleit, Another look at load duration effects in wood, J. Struct. Eng. 128 (2002) 824-828, https://doi.org/10.1061/(ASCE)0733-9445.(2002)128:6(824).

B. Arya, M. Kargahi, G.C. Hart, Load duration effect on failure of an overloaded wood truss structure, Forensic Eng. Proc. Congr. (2009) 465-476, https://doi.org/10.1061/41082(362)47.

E. Szafranko, J. Pawlowicz, Inventário de objectos de edifícios agrícolas com base em dados obtidos a partir de medições por varrimento a laser, em: Eng. Rural Dev. Jelgava,20-22.05, 2015.

J.A. Pawłowicz, Importância da resolução da varredura a laser no processo de recriação dos detalhes arquitetônicos de edifícios históricos, IOP Conf. Ser. Mater. Sci.Eng. 245 (2017) 052038, https://doi.org/10.1088/1757-899X/245/5/052038.

J.A. Pawlowicz, E. Szafranko, Aplicação da engenharia inversa na modelação de edifícios rurais de culto religioso, Eng. Rural Dev. 15 (2016) 762-766.

J.A. Pawłowicz, Impacto das propriedades físicas de diferentes materiais na qualidade dos dados obtidos por meio da digitalização a laser 3d, Mater. Today Proc. 5 (2018).1997-2001, https://doi.org/10.1016/J.MATPR.2017.11.304.

M. Kloiber, M. Drd'acký, J.S. Machado, M. Piazza, N. Yamaguchi, Prediction of mechanical properties by means of semi-destructive methods: a review, Constr.Build. Mater. 101 (2015) 1215-1234, https://doi.org/10.1016/J.CONBUILDMAT.2015.05.134.

T.P. Nowak, J. Jasienko, ' K. Hamrol-Bielecka, Avaliação in situ de madeira estrutural utilizando o método de perfuração de resistência - Avaliação da utilidade, Constr.Build. Mater. 102 (2016) 403-415, https://doi.org/10.1016/J.CONBUILDMAT.2015.11.004.

T. Yu, H.S. Sousa, J.M. Branco, Combinação de ensaios não destrutivos para avaliação da degradação de elementos de madeira existentes, Nondestruct. Test. Eval. 35 (2020) 29- 47,https://doi.org/10.1080/10589759.2019.1635593.

R.J. Ross, R.F. Pellerin, Ensaios não destrutivos para avaliação de elementos de madeira em estruturas: A review. General Technical Report FPL-GTR-70, U.S. Department of Agriculture, Forest Service, Forest Products Laboratory, Madison, 1994.

M.J. Morales Conde, C. Rodríguez Lin˜'an, P. Rubio de Hita, Utilização de ultra-sons como técnica de avaliação não destrutiva para intervenções sustentáveis em estruturas de madeira, Build. Environ. 82 (2014) 247-257, https://doi.org/10.1016/J.BUILDENV.2014.07.022.

K. Pilt, M. Teder, I. Süda, U. Noldt, Medição in situ das condições microclimáticas e modelação das propriedades mecânicas das estruturas de madeira - um estudo de caso sobre a nova igreja na ilha de Ruhnu, Estónia, Int. Biodeterior. Biodegrad. 86 (2014) 158-164, https://doi.org/10.1016/j.ibiod.2013.09.017.

T. Lechner, T. Nowak, R. Kliger, Avaliação in situ da estrutura do piso de madeira da fortificação Skansen Lejonet, Suécia Constr. Build. Mater. 58 (2014)85–93, https://doi.org/10.1016/j.conbuildmat.2013.12.080.

EN 1995-1-1:2004/A2:2014: Eurocódigo 5: Projeto de estruturas de madeira - Parte 1-1: Geral - Regras comuns e regras para edifícios, União Europeia, Bruxelas, Bélgica, 2014.

EN 1991-1-1:2004 -Eurocódigo 1: - Acções em estruturas-Parte 1-1: Acções gerais-Densidades, peso próprio, cargas impostas para edifícios, 2004.

EN 1991-1-4; Eurocódigo 1: Acções em estruturas - Acções eólicas, União Europeia, Bruxelas, Bélgica, 2008.

EN 1991-1-3; Eurocódigo 1: Acções em estruturas - Cargas de neve, União Europeia, Bruxelas, Bélgica, 2005.

A. Shabani, H. Hosamo, V. Plevris, M. Kioumarsi, Um levantamento estrutural preliminar de casas de madeira históricas em Tønsberg, Noruega, em: 12ª Conferência Internacional sobre Análise Estrutural de Construções Históricas (SAHC 2021), 2021.Barcelona, Espanha.

A. Shabani, M. Kioumarsi, V. Plevris, H. Stamatopoulos, Structural vulnerability assessment of heritage timber buildings: a methodological proposal, Forests 11 (8) (2020) 1-20, https://doi.org/10.3390/f11080881.

N. Magni`ere, S. Franke, B. Franke, Investigação sobre elementos que apresentam fissuras em estruturas de madeira, em: Conferência Mundial de Engenharia da Madeira (WCTE 2014), Quebec, Canadá, 2014.

P. Dietsch, A. Gamper, M. Merk, S. Winter, Monitoring building climate and timber moisture gradient in large-span timber structures, J. Civ. Struct. Heal. Monit. 5 (2)(2015) 153-165, https://doi.org/10.1007/s13349-014-0083-6.

T.D. Larson, R. Seavey, Inspection of Timber Bridges, 2002.

A. Zafar, J. Mir, V. Plevris, A. Ahmad, deteção de rachaduras baseada em visão de máquina para monitoramento de saúde estrutural usando recursos haralick, em: 2ª Conferência sobre Sustentabilidade em Engenharia Civil (CSCE'20), Capital University of Science &Technology, Islamabad, Paquistão, 2020.

C.R. Farrar, K. Worden, An introduction to structural health monitoring, Philos.Trans. R. Soc. A Math. Phys. Eng. Sci. 2007 (365) (1851) 303-315, ttps://doi.org/10.1098/rsta.2006.1928.

M. Georgioudakis, V. Plevris, Investigação do desempenho de vários critérios de correlação modal na identificação de danos estruturais, em: M. Papadrakakis, et al.(Eds.), ECCOMAS Congress 2016 - Proceedings of the 7th European Congress on Computational Methods in Applied Sciences and Engineering, 2016,pp. 5626– 5645,https://doi.org/10.7712/100016.2207.11846. Ilha de Creta, Grécia.

P. Dietsch, H. Kreuzinger, Guideline on the assessment of timber structures:summary, Eng.
Struct. 33 (11) (2011) 2983-2986,
https://doi.org/10.1016/j.engstruct.2011.02.027.

C.-Z. Dong, F.N. Catbas, A review of computer vision-based structural healthmonitoring at local and global levels, Struct. Health Monit. (2020) 1-52, https://doi.org/10.1177/1475921720935585.

H.S. Munawar, A.W.A. Hammad, A. Haddad, C.A.P. Soares, S.T. Waller, Métodos de deteção de fissuras com base em imagens: uma revisão, Infrastructures 6 (8) (2021) 115,https://doi.org/10.3390/infrastructures6080115.

Y.-J. Cha, W. Choi, O. Büyükoztürk, ¨ Deep learning-based crack damage detection using convolutional neural networks, Comp. Infra-estruturas civis assistidas. Eng. 32 (5) (2017) 361-378, https://doi.org/10.1111/mice.12263.

C.-Q. Feng, B.-L. Li, Y.-F. Liu, F. Zhang, Y. Yue, J.-S. Fan, avaliação de rachaduras usando localização e mapeamento simultâneos de fusão de vários sensores (SLAM) e super-resolução de imagem para inspeção de ponte, Autom. Constr. (2023) 155, https://doi.org/10.1016/j.autcon.2023.105047.

W. Qayyum, R. Ehtisham, A. Bahrami, C. Camp, J. Mir, A. Ahmad, Avaliação de modelos pré-treinados de redes neurais convolucionais para a deteção e orientação de fissuras, Materials 16 (2) (2023) 826, https://doi.org/10.3390/ma16020826.

J.-K. Park, B.-K. Kwon, J.-H. Park, D.-J. Kang, Sistema de imagem baseado em aprendizagem automática para inspeção de defeitos de superfície, Int. J. Prec. Eng. Manufact. Green Technol. 3 (3) (2016) 303-310, https://doi.org/10.1007/s40684-016-0039-x.

Y.-J. Cha, W. Choi, G. Suh, S. Mahmoudkhani, O. Büyüköztürk, ¨ Inspeção visual estrutural autónoma utilizando aprendizagem profunda baseada na região para detetar vários tipos de danos, Comp. Infra-estruturas civis assistidas. Eng. 33 (9) (2018) 731-747, https://doi.org/10.1111/mice.12334.

K. Chaiyasarn, W. Khan, L. Ali, M. Sharma, D. Brackenbury, M. Dejong, Deteção de rachaduras em estruturas de alvenaria usando redes neurais convolucionais e máquinas de vetores de suporte, em: Anais do 35º Simpósio Internacional de Automação e Robótica na Construção (ISARC), Associação Internacional de Automação e Robótica na Construção (IAARC), 2018, pp. 118-125, https://doi.org/10.22260/ISARC2018/0016.

I. Abdel-Qader, O. Abudayyeh, M.E. Kelly, Analysis of edge-detection techniques for crack identification in bridges, J. Comput. Civ. Eng. 17 (4) (2003) 255-263, https://doi.org/10.1061/(ASCE)0887-3801(2003)17:4(255).

C. Zhang, E. Nateghinia, L.F. Miranda-Moreno, L. Sun, Pavement distress detection using convolutional neural network (CNN): Um estudo de caso em Montreal, Canadá, Int. J. Transp. Sci. Technol. 11 (2) (2022) 298-309, https://doi.org/10.1016/j.ijtst.2021.04.008.

Z. Fan, Y. Wu, J. Lu, W. Li, Deteção automática de rachaduras no pavimento com base na previsão estruturada com a rede neural convolucional. ArXiv e-prints, 2018, https://doi.org/10.48550/arXiv.1802.02208 (arXiv: 1802.02208).

H. Zhang, G. Yang, H. Li, W. Du, J. Wang, Algoritmo de deteção de pixéis para a reconstrução estrutural de fissuras com base em imagens de TC de rochas,

Autom. Constr. 152 (104895) (2023), https://doi.org/10.1016/j.autcon.2023.104895.

Y. Yang, X. Zhou, Y. Liu, Z. Hu, F. Ding, Deteção de defeitos em madeira com base em máquina de aprendizagem extrema de profundidade, Appl. Sci. 10 (21) (2020) 7488, https://doi.org/ 10.3390/app10217488.

T. He, Y. Liu, Y. Yu, Q. Zhao, Z. Hu, Aplicação de rede neural convolucional profunda na extração de características e deteção de defeitos de madeira, Measurement 152 (2020), 107357, https://doi.org/10.1016/j.measurement.2019.107357.

R. Ehtisham, C.V. Camp, J. Mir, N. Chairman, A. Ahmad, Avaliação dos modelos ResNet pré-treinados e MobileNetV2 CNN para a deteção de fissuras em betão e classificação da orientação das fissuras, em: 1ª Conferência Internacional sobre Avanços em Engenharia Civil e Ambiental (1ª ICACEE-2022), Universidade de Engenharia e Tecnologia Taxila, Paquistão, 2022.

W. Qayyum, R. Ehtisham, C. Camp, J. Mir, A. Ahmad, Detectando rachaduras com a Rede Neural de Convolução (CNN) com conjunto de dados de imagem variável, em: 2nd Conferência Internacional sobre Avanços Recentes em Engenharia Civil e Gestão de Desastres, Peshawar, Paquistão, 2022, pp. 166-170.

C. Szegedy, V. Vanhoucke, S. Ioffe, J. Shlens, Z. Wojna, Repensando a arquitetura de inception para visão computacional, em: Proceedings of the 2016 IEEE Conference on Computer Vision and Pattern Recognition (CVPR), 2016, pp. 2818-2826, https://doi.org/10.1109/CVPR.2016.308.

Z. Bai, T. Liu, D. Zou, M. Zhang, A. Zhou, Y. Li, reconhecimento de danos mecânicos em componentes de betão armado com base em imagens e avaliação rápida da segurança estrutural utilizando aprendizagem profunda com informações de frequência, Autom. Constr. 150 (104839) (2023),https://doi.org/10.1016/j.autcon.2023.104839.

Y. Zhang, Y.-Q. Ni, X. Jia, Y.-W. Wang, Identificação de danos na superfície do betão com base na aprendizagem profunda probabilística de imagens, Autom. Constr. 156 (105141) (2023), https://doi.org/10.1016/j.autcon.2023.105141.

L.-C. Chen, M.S. Pardeshi, W.-T. Lo, R.-K. Sheu, K.-C. Pai, C.-Y. Chen, P.-Y. Tsai, Y.-T. Tsai, deteção de defeitos em painéis de madeira colados na borda usando aprendizado profundo, Wood Sci.Technol. 56 (2) (2022) 477-507, https://doi.org/10.1007/s00226-021-01316-3.

C. Szegedy, S. Ioffe, V. Vanhoucke, A. Alemi, Inception-v4, inception-ResNet e o impacto das ligações residuais na aprendizagem, Proc. AAAI Conf. Artif. Intell. 31 (1)(2017), https://doi.org/10.1609/aaai.v31i1.11231.

A. Urbonas, V. Raudonis, R. Maskeliunas, ¯ R. Damaˇseviˇcius, Identificação automatizada de defeitos de superfície de folheado de madeira usando rede neural convolucional baseada em região mais rápida com aumento de dados e aprendizagem por transferência, Appl.Sci. 9 (22) (2019) 4898, https://doi.org/10.3390/app9224898.

R. Ehtisham, W. Qayyum, C.V. Camp, J. Mir, A. Ahmad, Predicting the defects in wooden structures by using pretrained models of Convolutional Neural Networkand Image Processing, in: 2ª Conferência Internacional sobre Avanços Recentes em Engenharia Civil e Gestão de Desastres, Peshawar, Paquistão, 2022,pp. 208-212.

B. Zoph, V. Vasudevan, J. Shlens, Q.V. Le, Aprendendo arquiteturas transferíveis para reconhecimento de imagem escalável, em: Conferência IEEE / CVF 2018 sobre Visão Computacional e Reconhecimento de Padrões (CVPR), IEEE Computer Society, 2018, pp. 8697-8710,https://doi.org/10.1109/CVPR.2018.00907.

X. Zhang, X. Zhou, M. Lin, J. Sun, ShuffleNet: uma rede neural convolucional extremamente eficiente para dispositivos móveis, em: Proceedings of the 2018 IEEE/CVF Conference on Computer Vision and Pattern Recognition, 2018, pp. 6848-6856, ttps://doi.org/10.1109/CVPR.2018.00716.

K. Simonyan, A. Zisserman, Redes convolucionais muito profundas para reconhecimento de imagens em grande escala. ArXiv e-prints, 2015, p. 14, https://doi.org/10.48550/arXiv.1409.1556 (arXiv:1409.1556).

M. Sandler, A. Howard, M. Zhu, A. Zhmoginov, L.C. Chen, MobileNetV2: invertedresiduals and linear bottlenecks, em: Proceedings of the 2018 IEEE/CVF Conferenceon Computer Vision and Pattern Recognition, 2018, pp. 4510-4520, https://doi.org/10.1109/CVPR.2018.00474.

F. Chollet, Xception: Aprendizagem profunda com convoluções separáveis em profundidade, em: Actas da Conferência IEEE de 2017 sobre Visão por Computador e Reconhecimento de Padrões (CVPR), 2017, pp. 1800-1807, https://doi.org/10.1109/CVPR.2017.195.

R. Ehtisham, W. Qayyum, C.V. Camp, V. Plevris, J. Mir, Q.-u.Z. Khan, A. Ahmad,Classification of defects in wooden structures using pre-trained models ofconvolutional neural network, Case Stud. Const. Mater. 19 (2023) e02530, https://doi.org/10.1016/j.cscm.2023.e02530.

V. Plevris, Innovative Computational Techniques for the Optimum StructuralDesign Considering Uncertainties, Universidade Técnica Nacional de Atenas, Atenas, Grécia, 2009, p. 312, https://doi.org/10.12681/eadd/17936.

N.D. Lagaros, V. Plevris, Inteligência artificial (IA) aplicada à engenharia civil, Appl. Sci. 12 (15) (2022), https://doi.org/10.3390/app12157595.

N.D. Lagaros, V. Plevris, Inteligência Artificial (IA) Aplicada à Engenharia Civil, MDPI, 2022, p. 698, https://doi.org/10.3390/books978-3-0365-5084-8.

V. Plevris, A. Ahmad, N.D. Lagaros, Artificial Intelligence and Machine LearningTechniques for Civil Engineering, IGI Global, 2023, https://doi.org/10.4018/978-1-6684-5643-9.

Avci, O., O. Abdeljaber, e S. Kiranyaz. Deteção de danos estruturais em engenharia civil com aprendizagem automática: Current state of the art. in Proceedings of the2022. Cham: Springer International Publishing. pp. 223-229. Doi: https://doi.org/10.1007/978-3-030-75988-9_17.

M. Georgioudakis, V. Plevris, Um critério de correlação modal combinado para identificação de danos estruturais com dados modais ruidosos, Adv. Civil Eng. 2018 (3183067)(2018) 20, https://doi.org/10.1155/2018/3183067.

M. Georgioudakis, V. Plevris, Análise do espetro de resposta de edifícios de cisão de vários andares utilizando técnicas de aprendizagem automática, Computation 11 (7) (2023) 126,https://doi.org/10.3390/computation11070126.

G. Solorzano, V. Plevris, Computational intelligence methods in simulation andmodeling of structures: A state-of-the-art review using bibliometric maps, Front.Built Environ. 8 (2022), https://doi.org/10.3389/fbuil.2022.1049616.

G. Solorzano, V. Plevris, DNN-MLVEM: a data-driven macromodel for RC shearwalls based on deep neural networks, Mathematics 11 (10) (2023) 2347, https://doi.org/10.3390/math11102347.

X. Wang, R.K. Mazumder, B. Salarieh, A.M. Salman, A. Shafieezadeh, Y. Li,Machine learning for risk and resilience assessment in structural engineering:progress and future trends, J. Struct. Eng. 148 (8) (2022) 03122003, https://doi.org/10.1061/(ASCE)ST.1943-541X.0003392.

S.O. Abioye, L.O. Oyedele, L. Akanbi, A. Ajayi, J.M. Davila Delgado, M. Bilal, O.O. Akinade,
A. Ahmed, Artificial intelligence in the construction industry: A reviewwof present status, opportunities and future challenges, J. Build. Eng. 44 (2021),103299, https://doi.org/10.1016/j.jobe.2021.103299.

M. Imran Waris, V. Plevris, J. Mir, N. Chairman, A. Ahmad, An alternativeapproach for measuring the mechanical properties of hybrid concrete throughimage processing and machine learning, Constr. Build. Mater. 328 (126899)(2022), https://doi.org/10.1016/j.conbuildmat.2022.126899.

M. Nikoo, G. Hafeez, G. Doudak, V. Plevris, Predicting the fundamental period oflight-frame wooden buildings by employing bat algorithm-based artificial neuralnetwork, in: V. Plevris, A. Ahmad, N.D. Lagaros (Eds.), Artificial Intelligence andMachine Learning echniques for Civil Engineering, IGI Global, Hershey, PA, USA,2023, pp. 139-162, https://doi.org/10.4018/978-1- 6684-5643-9.ch006.

S. Seyedzadeh, F.P. Rahimian, I. Glesk, M. Roper, Machine learning for estimationof building energy consumption and performance: a review, Visualiz. Eng. 6 (1)(2018) 5, https://doi.org/10.1186/s40327-018-0064-7.

S.V. Razavi Tosee, I. Faridmehr, M.L. Nehdi, V. Plevris, K.A. Valerievich, Predictingcrack width in CFRP-strengthened RC one-way slabs using hybrid grey wolfoptimizer neural network model, Buildings 12 (11) (2022) 1870.

V.R. Gharehbaghi, E. Noroozinejad Farsangi, M. Noori, T.Y. Yang, S. Li, A. Nguyen,C. Malaga-Chuquitaype, ' P. Gardoni, S. Mirjalili, A critical review on structuralhealth monitoring: definitions, methods, and perspectives, Arch. Comp. MethodsEng. 29 (4) (2022) 2209-2235, https://doi.org/10.1007/s11831-021-09665-9.

S. Sony, K. Dunphy, A. Sadhu, M. Capretz, A systematic review of convolutionalneural network-based structural condition assessment techniques, Eng. Struct. 226(2021), 111347, https://doi.org/10.1016/j.engstruct.2020.111347.

A. Patil, M. Rane, Convolutional neural networks: Uma visão geral e suas aplicações no reconhecimento de padrões, em: Proceedings of the ICTIS 2020 Vol. 1, SpringerSingapore, Singapura, 2021, pp. 21-30, https://doi.org/10.1007/978-981-15-7078-0_3.

J. Teuwen, N. Moriakov, Capítulo 20 - Redes neurais convolucionais, em: S.K.

Zhou, D. Rueckert, G. Fichtinger (Eds.), Handbook of Medical Image Computingand Computer Assisted Intervention, Academic Press, 2020, pp. 481-501, https://doi.org/10.1016/B978-0-12-816176- 0.00025-9.

P. Kodytek, A. Bodzas, P. Bilik, Um conjunto de dados de imagens em grande escala de defeitos da superfície da madeira para processos de controlo de qualidade automatizados baseados na visão, F1000Research 10 (581)(2022), https://doi.org/10.12688/f1000research.52903.2.

M.A. Mohammed, Z. Han, Y. Li, Explorando a precisão da deteção de rachaduras de concreto usando vários modelos CNN, Adv. Mater. Sci. Eng. 2021 (2021) 9923704,https://doi.org/10.1155/2021/9923704.

R.H.R. Hahnloser, H.S. Seung, J.-J. Slotine, Permitted and forbidden sets insymmetric threshold- linear networks, Neural Comput. 15 (3) (2003) 621-638,https://doi.org/10.1162/089976603321192103.

Tecnologias inovadoras na conceção de estruturas de madeira

Shahide Dehghan[1] , Hoosein Norouzi[2] , Hossein Gholami [3] [1] Department of Geography, Najafabad Branch, Islamic Azad University, Najafabad, Irão

[2] Departamento de Engenharia Civil, Isfahan (Khorasgan) Branch, Islamic Azad University, Isfahan, Irão

[3]Departamento de Engenharia Civil, Isfahan (Khorasgan) Branch, Islamic Azad University, Isfahan, Irão2025

Printed by Books on Demand GmbH, Norderstedt / Germany